美丽乡村建设规划设计系列图集

# 典型农房设计图集

## 水没坪村

孙 君 著



中国建材工业出版社

**图书在版编目（CIP）数据**

典型农房设计图集. 水没坪村 / 孙君著. -- 北京：中国建材工业出版社，2020.12（2021.8 重印）

ISBN 978-7-5160-2734-9

Ⅰ. ①典… Ⅱ. ①孙… Ⅲ. ①农村住宅—建筑设计—钟祥—图集 Ⅳ. ①TU241.4-64

中国版本图书馆 CIP 数据核字（2019）第 264212 号

**典型农房设计图集·水没坪村**

Dianxing Nongfang Sheji Tuji • Shuimopingcun

孙　君　著

出版发行：中国建材工业出版社

地　　址：北京市海淀区三里河路 1 号

邮　　编：100044

经　　销：全国各地新华书店

印　　刷：北京天恒嘉业印刷有限公司

开　　本：710mm×1000mm　1/16

印　　张：6.5

字　　数：80 千字

版　　次：2020 年 12 月第 1 版

印　　次：2021 年 8 月第 2 次

**定　　价：52.00 元**

---

**本社网址：www. jccbs. com，微信公众号：zgjcgycbs**

**请选用正版图书，采购、销售盗版图书属违法行为**



**本书如有印装质量问题，由我社市场营销部负责调换，联系电话：(010)88386906**

# 乡村文化的延伸

李兵弟

我国改革开放四十多年来，广大的农村地区经济快速发展，工业化、城镇化不断向广大农村延伸，农民获得了经济利益。农村生态环境和生存状况也在悄然改变。一个个类似城镇的村庄不断出现，随之而来的是农村传统文化特质和地域文化特征被蚕食，存在了几百数千年的乡村文化、村落自然布局、田园天然生境和乡民道德规范被慢慢敲碎，地方生态资源与人居环境不断被摧垮。农民和基层干部，还有那些已经进了城的“城里人”突然发现，老一辈人留下的传承几百年数千年、原本再熟悉不过的生活习俗、生存环境在不以他们的意志为转移地被重新改写，有的已经不复存在了。

改革开放的进一步深入，推动着农村各项事业的不断发展，必然历史性地选择新农村建设。党的十八大进一步规划了城乡统筹与新农村建设的蓝图，各地新农村建设特色纷呈。据统计，我国目前还有近 60 万个行政村，近年来每年中央各部门投入的农村发展建设资金高达数千亿元，这一公共财政向农村转移支付的力度还会不断地加大。

政府官员、基层农村干部、农民们的视野和利益都被放到这一崭新的平台上，谁都想着为农村发展多出力。然而，不少地方政府，尤其是县、乡镇两级政府官员在新农村建设中，经常苦于找不到满意的专业规划设计团队，无法做出适合当地农村特点、生态环境、农民意愿，有传承、有价值、有前瞻性的新农村建设专业规划设计。在新农村建设中科学地规划当地的乡镇村庄环境，设计出农民能接受并喜爱的民居，推动村庄经济社会发展，已经愈发成为政府呼吁、农民期望的一件大事和实事。

两年前，孙君、李昌平率领一批有识之士、有志之士创建了中国乡村规划设计院（简称乡建院），走上绿色乡建的道路。据我所知，这是中国内地第一家民间发起、民间组织、专门从事农村规划设计，并全程负责规划设计项目建设落地的专业机构。

2018年，由中国城乡统筹委、北京绿十字联合组建运营前置、系统乡建的专业性硬件、软件与运营一体的研究院——农道联众。农道联众始终坚持农民是主体、主力军的基本原则，政府给予辅助和指导，其他社会力量协作，确保农民利益放在第一位。农道联众要为“适应城市化和逆城市化并存之趋势建设新农村”。他们结合当地产业结构调整、生态环境保护、地域文化特质等重要元素，做出符合当地客观条件的新农村建设综合规划，设计出农民喜爱、造价低廉、更能传承地域文化特点的典型农房。他们视“绿色乡建”为事业、为使命、为责任，“让农村建设得更像农村”。事不易，实不易，笃行之。

这套《美丽乡村建设规划设计系列图集》丛书的作者孙君，他是一位画家，却扎根农村二十年。他有很多农民朋友，春节时都是与他们一起度过。农村发展农房建设现已成了他笔下的主业，在农村乡舍小屋闲暇之时的作画却成了余兴，画作的收入又成了支持主业发展的资金。当年他在湖北襄樊市（今襄阳市）谷城县五山镇堰河村做新农村建设，从垃圾分类、文化渗透、环保先行、生产调整入手，依托村干部，发动农民，协助政府，扎扎实实地做出了国内有相当影响力的“五山模式”。随后在湖北王台村、山东方城镇、四川什邡市渔江村、湖北宜昌枝江市问安镇、郧县樱桃村、广水桃源村，以及河南信阳平桥区郝堂村、南水北调中线取水地丹江口水库所在的淅川县等村镇，积极探索新型乡村建设的绿色之路、希望之路。孙君先生以艺术家的视角挖掘并竭力保留农村仅存的历史精神文化元素，运用于农民房屋设计、村落景观规划，以尊重农民的生活和生产为主旨的建设理念，受到广大农民朋友的拥护与爱戴，得到当地政府的理解和支持。

本套丛书集结了作者孙君以及农道联众同事的智慧和力量，在扎实调研、深入走访了解农民需求，结合当地政府对新农村建设的具体要求，发掘河南、湖北等地浓厚楚文化、汉文化，设计出农民欢迎喜爱、当地政府满意的具有鲜明中原大地特质的乡村规划、典型农房，使农道联众、孙君等的中国新农村建设理念扎扎实实“做了出来”，充分展现了新农村建设中的生态文明之自然之美、和谐之美。

本套丛书的出版将为中国新农村建设提供独特的绿色思路，提供为各级政府容易理解、广大农民朋友喜欢并接受的实用性很强的典型农房户型图集。孙君说，他们就是要使相关政府官员、农民朋友按照这套丛书图集，就能很快做出来“样本”。

祝愿孙君和他的同事们，祝愿农道联众在探索中国新农村建设的道路上，走得更远、更稳。

中国城市科学研究会副会长

住房城乡建设部村镇建设司原司长

中国乡建院顾问

李兵弟

2019 年 7 月于北京

# 秘境水没坪村

孙　君

很早就听过水没坪，传说暴雨一大，就会把村子淹没，故称水没坪。这是一个隐藏于大山深处的、神秘的桃花源。因湖北省发改委徐新桥博士的邀请，我终于如愿以偿。

水没坪，四面大山环绕，也没有通往山外的道路，与世隔绝，唯一一条路就是经历艰难险阻，穿过又深又远的黄仙洞抵达村子。我心里一直在问：为什么村民会选择这里？为何会隐居在此？

因为与世隔绝，也就与世无争，一个静静守候在这片土地上的村子，宛若一下穿越时空，直至明清时代的光景。

这个村，用城市人的眼光来看绝对有乡愁。可是从农民住房与实用性来看，就不是乡愁，而是“乡仇”了。走进水没坪，发现他们既安静时下，又渴望山外。于是我们来了。

水没坪的设计理念并不是我们从城市带来的，而是水没坪的生存环境与村民的生活需求告诉我们的——水没坪的新房该如何设计，老房该如何改造。

设计改造分为两个部分：一部分是老房。这里的老房有 80～120 年的历史，村后有千年的遗迹。建筑材料完全本地化，房子很低矮，屋黑窗下，潮湿味霉。房高约 2.7 米，每户有一个小院。户户门前有千年以上的银杏树，让人震撼，也让人知道这个村的历史。房间与院落很规范，院门在东南，主卧为东，养殖在西北，房中设中堂，厨房有灶王爷神龛，大梁有勅建记事，院外有土地神……

这些信息告诉我们，这个村虽然很小，可乡村的文化与伦理却很清晰，传统文化一直延续完整，这些对我们来说就是建筑文化与风格活的参考文献。

建筑风格与大山外的民房区别不大，只是通风、材料、工艺、实用性没有山外的民房讲究。正因为如此，老房的保护、维修就会很费时费钱。村庄耕地稀缺，住房自然拥挤。房子连着房子，一切随意而又实用，拥挤的感觉到处可见。

水没坪的规划设计，重点是老房改造，保持原有的感觉，提升生活舒适感，增改卫生间、洗浴、保暖、通风。保持原状与少设计是我们这次的设计重点。

正是以上的一些问题，我们在新房设计时首先考虑房子的实用性与功能性，房子占地面积不大，以山地坡地为主。防潮通风与采光都是村民（主要是在外打工回来的青年提出的要求）反映的问题。另外他们说的更多的是希望房子好看，要像城里等。这些要求有一些我们接受，还有一些我们不会接受。比如房子要像城里，我们认为他们的愿望只是房子要洋气一些。这个需求是正常的，所以在设计时，尽量向实用与漂亮看齐。

另外一部分是新设计的五套房子。因为水没坪的特殊环境与现实条件，房子在设计时，以小体量、实用、好看，更多是从未来这个村的产业考虑出发。

新房设计目前只是一个愿望，一个目标，近三五年是建不了，主要是没有钱，还有一个就是没有盖房子的地。建也是新旧交替，新设计的房子估计要三五年后才能实施。

目前村中有一户是保留一部分老房又新建了一部分建筑，这部分新建的部分与老房之间的融合让我们费了很大的脑筋，建了前后三个多月，也得到了村民的认可。正是有这样一个磨合，有了村民内心深处的期待，我们最终才有了设计这五套房子的初心。

这里的人大部分姓杨，属一个家族，心很齐。第一户改造成功，后面几户学得就多了。第二户是旧房改造，要求更高，不在乎多花钱，室内一定要比第一户还好……

可是问题又来了，主要是这里与世隔绝，现代建筑材料很难购买，买到也难运进村，于是无论新房与旧房设计改造都基于这样一个条件再次调整，建筑材料本地化成为我们这次规划设计的基本定位。于是我们又坐下来，放弃原有城市建筑的想法，听取本村村民的需求，一户一户地讨论，才有了今天的五套属于水没坪的新房。

五套房屋的户型、功能、外观是根据村民意见讨论出来的，我们把最终的设计稿展现给他们时，他们很是激动。不过他们对房子二楼的阳台与走廊有很大的争论。老人都反对，年轻人喜欢。争论的结果是老人服从年轻人，在老人眼里，年轻人在城市生活过，见过世面，他们说的话在村里还是很有说服力的。

紧接着，客店镇领导让人把五套房子设计稿打印出来，做成展板放在古老的村落前面，每天有很多村民在看，在琢磨……

这个村太漂亮了。老房子，金黄的银杏叶，百年大树与低矮的茅屋，人与羊群，晨曦与炊烟。还有美丽悲哀的杨玉环的传说，让人们对这里有了神秘的遐想。有美丽的传说，有一些梦想，往往就会有美好的愿望，也自然有美丽的村落——水没坪。

一个村的美丽与一个村的传说，引来了北京绿十字。

2012 年初春于钟祥

# 目 录

CONTENTS


湖北大洪山风景名胜区腹地的原始村落——水没坪村 …… 1

一、区域位置 …… 2

二、村情村貌 …… 2

水没坪村改造提升计划 …… 7

一、环境改善——清水出芙蓉，天然去雕饰 …… 8

二、景观设计——山重水复疑无路，柳暗花明又一村 …… 9

三、文化打造——唐朝历历多名士，水没坪中有乡情 …… 12

四、贵妃醉茶——云想衣裳花想容，春风拂槛露华浓 …… 14

五、旅游推广——林花著雨燕支湿，水荇牵风翠带长 …… 16

农民·房子 …… 21

一、典型农房户型 1 …… 22

二、典型农房户型 2 …… 32

三、典型农房户型 3 …… 43

四、典型农房户型 4 …… 53

五、典型农房户型 5 …… 66

水没坪村手记 …… 79

再度水没坪，协力筑经典 …… 80

水没坪的设计回归 …… 83

# 湖北大洪山风景名胜区腹地的原始村落——水没坪村

## 一、区域位置

客店镇娘娘寨水没坪村（图 1-1）位于国家级风景名胜区——湖北大洪山腹地，中国长寿之乡——钟祥市境内，湖北旅游名镇——客店镇东部，紧邻湖北旅游名村——赵泉河村，国家 4A 级景区黄仙洞景区内。地处钟（祥）、京（山）、随（州）三县市交界处，东经 113°，北纬 32°，海拔高度 965 米。水没坪村系客店镇管辖村，下辖 3 个小组，58 个农户，188 人，拥有原始森林 20415 亩，无公害茶叶面积 200 余亩，旱地面积 150 亩。娘娘寨紧邻大洪山宝珠峰和斋公岩，是一座气势雄伟、巍巍壮观的 958 米山峰，东南连京山县，东北接随州市，西北有数十座山峰相依。东眺京山鸳鸯河，北望洪山电视塔，西俯汉江长流水，南迎海外远方客。这里地势高，视野辽阔，是观云海、看日出、迎彩霞的佳境。

图 1-1　原始村落水没坪

## 二、村情村貌

水没坪是群峰合围的溶蚀三角形盆地，面积约 20 公顷。盆地南缘峭壁突兀，巨石裸露。峭壁上有一个叫桂花洞的溶洞，洞下有千年古藤，沿陡崖生长（图 1-2）。绝壁下面又有一洞，为水没坪培河落水洞，坪地洪水泉流，经培河注入黄仙洞，然后流入黄金河再汇入敖河。盆地西面有一条曲折的石阶小道，延伸到黄仙山岔大路坡。沿路踏台阶西下，是游客进黄仙洞观水没坪，再回黄仙洞口处的必经之路。这里也叫“英雄好汉坡”，上下数百步台阶，举步艰难。

这里的村民 80%姓杨，他们自称是唐玄宗贵妃杨玉环的后裔，据说当年为了躲避战乱，他们的家族躲进了这深山老林，这里的娘娘寨也因杨玉环而得名。

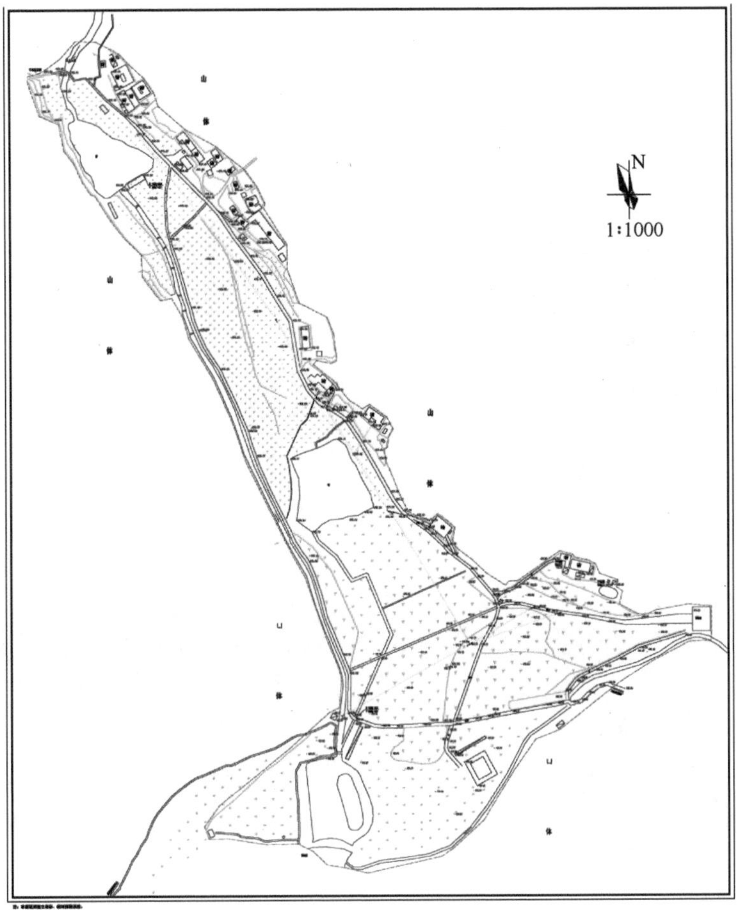


图 1-2　水没坪测绘图

这里风景优美，自然生态保护完好。令人称奇的是，人口自然不变。据可靠资料反映，数百年来，这里二十几户人家，无论生老嫁娶，人口一直维持在八十余口，不少专家学者对此不得其解，成为千古之谜。

娘娘寨交通不便利，但自然环境非常好，无任何工业污染；有一定经济优势，历史文化和文物古迹优势显著，水源丰富；具备以唐文化为核心，以乡村文化复兴为方向，以茶文化、历史文化和旅游文化为主题的新乡村建设。

水没坪村农民收入主要来源于五个方面：一是依托传统的椴木香菇、袋料香菇；二是依靠茶叶种植；三是依靠药材收入；四是农民从旅游服务业项目中获得的收入（如开办农家饭、销售旅游纪念品等）；五是年轻劳动力外出务工。

该村存在的主要问题包括以下几点：

一是收入来源与旅游发展存在冲突。水没坪村耕地面积少，群众收入主要来自茶园、食用菌。2003 年外来集团公司进行旅游开发，娘娘寨水没坪是开发的重点景区之一，与原生态的保护和食用菌产业的发展产生冲突，加之大旅游尚未形成，老百姓依靠旅游产业带来的收入十分有限（图 1-3）。

图 1-3　耕地面积少

二是交通不便，出行困难。水没坪路况较差，出行不便，摩托车行驶十分危险，其他机动车辆进入更加困难。由于交通条件差，群众外出进货、购买生活必需品十分困难，严重影响到当地的经济、社会发展，也对该地乃至全镇旅游产业的发展产生了极大的阻力（图 1-4）。

三是村民住房条件差。村民住房多为祖辈所传的土坯房，有的虽然很破旧，但是经过修补，还在继续居住使用，存在一定的安全隐患。有些已经被废置，变成了废墟，缺乏科学的、统一的规划，影响了村容村貌（图 1-5）。

因此，虽然村民所处的环境有得天独厚的优良条件，但由于各种原因，村民没有真正意义上的致富。我们希望通过规划和实践，在保护环境的基础上让广大村民的生活和生产得到根本改善，让娘娘寨进入一个良性循环的发展。

图 1-4　狭窄山路

图 1-5　住房条件较差

# 水没坪村改造提升计划

## 一、环境改善——清水出芙蓉，天然去雕饰

娘娘寨因其独特的地理位置而保持了如世外桃源的感觉。从黄仙洞的入口经过 40 分钟的溶洞行，再上 126 级台阶进入娘娘寨，正是“山重水复疑无路，柳暗花明又一村”。另一条进山的道路也崎岖不平，因而这里的车辆很少，整个村庄非常难得地保留了很完整的原生态。故以“清水出芙蓉，天然去雕饰”的概念来进行该村的环境改善，打造一个真正的世外桃源。

### 1. 自然环境

本地自然环境状况很好，但黄仙洞景区开发的一些地方显得很生硬，一看就知道是某种生搬硬套进来的东西。没有开发过的一些民居周边的环境却有着很自然的美感。另外，村庄有些地方有很多没有经过处理随意丢弃的垃圾，以塑料制品、玻璃瓶居多。

### 2. 人居环境

村 2 组 20 多户村民的家一律是土木结构的房屋，很好地保持了原生态的风貌，有一两户的民居非常有特色。每家每户进门地方的景致都很有特点，有坡形的，有石砌的，这是可以打造乡村家庭旅馆的基础。村民房间内部的装饰还需要重新进行调整及改善，目前大都处于一种很随意的状态，还没有一个完整的家的规划观念，需要培养村民的审美意识。

### 3. 资源管理

这里说的资源管理一般被称为垃圾分类。这是需要转变的第一个观念：所有的垃圾都是放错了地方或者用错了地方的资源。因此我们应该从一个全新的角度来完成娘娘寨的资源管理。

### 4. 实施目标

第一，在村庄看不到任何垃圾。我们要把这里打造成真正的世外桃源，要看不到垃圾。整个村庄要做到每一株小草都干净青翠，当你漫步在村庄的时候，享受到的是阳光、青草、银杏、小溪、茶场以及若隐若现的民居。

第二，村庄景区范围内尽量不放垃圾桶。每放置一个垃圾桶就制造了一个污染源。放的垃圾桶越多，污染就越多。所以，要直接从源头开始杜绝，配合

相关措施，就不需要在景区放置很多垃圾桶，让这里成为不产生垃圾的地方。

第三，杜绝一次性用品在景区的使用。杜绝一次性用品在村庄的使用，包括一次性的筷子、杯子、餐具、拖鞋、盥洗用品等。作为旅游接待的农户更不能提供一次性的用品。

第四，建立以家庭为单位的资源分类和以村庄资源分类中心相结合的体系。每家每户在后院自备资源分类桶，建议至少 5 种分类：塑料（含塑料瓶）、纸张、玻璃（含玻璃瓶）、纺织品、其他。具体分多少种，可以在与村民的培训讨论会上由村民自己决定。另外，这里没有列出厨房的湿垃圾，这些可以直接堆肥。目前，我们走访的村民家里大部分使用堆肥式厕所，也是一种既环保又经济的厕所，而且没有太大的味道，只需要进行简单的改造就可以进行旅游接待。

资源分类中心的建立以村庄的大小来衡量。另外，如果村子里可利用的建筑用地不允许的话可以不用建。以目前的实施方案看，因为村庄的人口比较少，如果每家每户可以进行很好的资源管理，就没有必要建一个集中的分类中心。村里可以每周集中收集一次，集中处理。

第五，建立小型污水处理系统。每家每户在厨房、养猪、雨水、卫生间、堆肥等全程封闭式循环系统基础上，建一个小型的“孙式乡村水卫系统”——生活用水的处理池，以过滤净化的方式处理日常的生活用水，再进行排放。

第六，建设环境教育示范基地。要将娘娘寨打造成为一个环境教育示范基地，一个没有垃圾、净化眼球的地方。而做成的方式，是让人看不到任何水泥堆砌的成分，一切都融入文化，所能看到的、感受到的，是中国千年文明的传承，是中华民族优良传统的延续。

## 二、景观设计——山重水复疑无路，柳暗花明又一村

### 1. 特色景观

（1）黄仙洞：这里是娘娘寨的入口。黄仙洞，又称黄金洞，传说是汉臣张良之师黄狮公隐居修炼之地。它是国家级大洪山风景名胜区的核心景点，距钟祥市郢中镇 66 千米。黄仙洞的喀斯特典型地貌——2 万多平方米的“云盆”景观，是我国溶洞之奇观。《大洪册志》卷五•形胜篇载：“洞之山为黄仙山，相传黄石公憩此，故名。”史料记载：“黄仙山在山（指大洪山）之南麓，其下有

黄仙洞，豁然明旷，有龙潭，深不可测。”黄仙洞洞口面向西北，洞口石壁陡峭如斧削，高达 100 米，宽 70 米，洞体全长 1760 米。洞内空气潮湿，冬暖夏凉（一般情况下气温在 12℃左右）。各种大小不同的彩色电灯泡在蜿蜒曲折、迭宕起伏的溶洞路道上方和两旁，因景势而装配。游客走进仙洞，如进天宫。奇特的洞天石林和丰富的喀斯特地貌特征，引人入胜。洞内钟乳石比比皆是，形态各异，石针、石矛、石笋、石柱、石塔、石幔、石瀑，分别呈红、黄、白、褐等色，如玉似翠，景致诱人，色彩绚丽，气势恢宏，波澜壮阔。

（2）古银杏树群（图 2-1）：上千株的银杏树生长在这高山云雾之中，挺拔葱郁。最古老的一株已有近 2000 年生长期，需四人才能合抱。人们称银杏为与恐龙同时代的植物活化石，属国家一级保护植物。2004 年全国人大十五届会议上，众多人大代表提议将银杏作为“国树”。保护银杏，栽培繁殖，使其永不衰绝，这是大自然赋予我们的使命。

图 2-1　银杏树下古人家

（3）水没坪村：观赏黄仙洞奇特景色，来到尽头，登 126 级台阶，就到了新开凿的黄仙洞出口。水没坪村位于出口处。水没坪是群峰合围的溶蚀三角形盆地，在盆地南缘峭壁突兀，峭壁上距地面 85 米处有一溶洞，名桂花洞，洞口直径为2.3米，洞下有千年古藤，沿陡崖生长，高达50米，分枝宽约30米。20公顷的盆地平坦处，居住着十来户人家。

总的来说，黄仙洞加上这里良好的生态环境，作为旅游的景观元素已经可圈可点。但是除了黄仙洞作为一个溶洞奇观外，银杏树和村庄的景观都处于一种比较粗放的状态。整个景区没有一个清晰的旅游路线图，让出了洞口的旅客没有方向感，这些都是要完善的部分。

### 2. 景观需要重新改造与设计的部分

目前整个娘娘寨景区因为有之前黄仙洞的开发而做了一部分，但经过考察仍存在一些方面的不足，以下几个大的地方需要做一些较大的调整。

（1）娘娘庙。作为一个庙宇的建筑在那个地方不太合适，建议改成村庄的祠堂，修复村庄的祖训，列祖宗排位，让村民有更好的归属感。因为既然这个村庄有这么悠久的历史，所以更应该展示出来，使之成为村民新的增强凝聚力的地方。让村民找到他们的根，找到他们的脉络传承。

（2）黄仙洞的出口处做得太一般，没有豁然开朗、悠然见南山的感觉，或者说一出洞口很平淡，没有世外桃源的感觉，所以洞口处需要重新设计。

方案一：一湾水池。以目前硬化的沟渠为基础，在这个上面修建一湾水池。水映蓝天、群山，心旷神怡。这个方案要考虑到当地水系的状况及水体的维持程度，因为耗费工时会比较大。据资料介绍，娘娘寨旷地的中间有一天然水池，面积约1200平方米，可蓄水600～1000立方米，且长年不涸。旷地东侧有一山泉，泉水外溢，水质清冽甘甜。

方案二：一片花海。在出口处填土与目前的沟渠相平或者略低一些，种上一片夺人眼球的花卉，可以选的品种如波斯菊、金黄色的雏菊等，或其他当地的多年生草本花卉。颜色可丰富多彩，因为整个娘娘寨目前的颜色显得很单调。

（3）黄仙洞的出口处是人为建造的，目前风口太大，严重损坏洞内的景观。建议采用酒店旋转门，并与景观一并改造，以保持景区的完整性。

（4）通往村庄道路两旁的两排玉兰树，很明显不属于这个地方，是一个硬伤。可移植到娘娘祠旁边，作为一定的造型树进行运用。包括茶园里的景观树一并移出。

（5）目前在景区附近的十几户人家的门口、道路显得过于凌乱，尤其是凌乱的蘑菇种植，需要集中在一个地方，作为景观种植。村民家庭院子需要整理。村民房子的户型很好，各有特色，通向房屋的小路各有意境，这些都是很好的地方，只需要进行适当的整理就可以把这些有特色的民居展示出来。

（6）整个水没坪村需要一处公共休闲中心，具备集体旅游和散客之用，可喝茶、便餐、住宿、上网、聊天。

（7）景区的农民购物摊位，产品要体现地域性，可休息功能，因为这是旅游者出洞口的第一个歇脚处。

（8）六户农民旧房改造，第一步先设计两户，起到带动作用，建筑要有盆地和山区特色，并带有唐朝的遗风。

（9）新设计农村房八种，第一次先设计五套。以唐朝民房设计风格，重檐、小瓦、大顶。尊重农民风俗，并有地域性的地方特色，建筑材料最大化地采用本地建材。

（10）卫生间、小桥、小路、指示牌、旅游图等要有中英文对照。

（11）设计一个娘娘庙，要有明显的故事感、时代特征，简单扼要，全部用本地建材，要让人体会到一种含蓄和悲壮的爱情故事。

（12）茶园的设计。可在茶园中适当地营造一些小型的草屋和路亭，既可以作为景观，也可以作为人们品茶赏茶的好地方。据资料介绍，娘娘寨精制茶厂每年在此生产云雾 300 余吨，此茶叶多次被评为国优和省优，荣获金奖，畅销全国，远售国外。这样好的茶叶、茶园，更应该让人们在这里可品、可采。

## 三、文化打造——唐朝历历多名士，水没坪中有乡情

### 1. 盛唐文化遗风的打造

唐朝无论在政治、经济还是文化发明方面都取得了非凡的成就。虽然这个朝代还是走向了灭亡，但是它的文明成就并没有随着历史的变迁而消亡，遗留给我们的文化财富也并没有随着这个朝代的灭亡而消失。无论是诗歌、绘画、书法还是在手工艺方面，在唐朝都出现了空前的繁荣景象，取得了灿烂的艺术成就，体现出了唐朝的帝国精神。娘娘寨是从唐朝开始的村庄，因此那个有着辉煌历史的朝代更应该体现在村庄的日常生活中，体现在他们的建筑、文化、生活等方面。如何打造盛唐文化的遗风，可以从以下几个点考虑：

（1）写唐诗、练唐拳

在十几户人家，特别是在做接待住宿的几户，家里的装饰与布置要充满盛唐的意味，要有练毛笔字的案桌、笔墨纸砚，唐三彩做的装饰物。每家每户学唐诗，颂唐诗，家中有《唐诗三百首》等书籍。

让村民学会一套唐拳，我们初选的是五龙通花炮，这套拳很传统，而且动作简练优雅，在强身健体的同时有很浓厚的文化韵味。

（2）每家每户的唐诗意味

每家门口的对联换成唐诗或自创的对联，目前村民的对联都是很简单的。家里有书籍、文房四宝，可以练字、画画，过一种山水写意的生活。

（3）体现唐风的村民老房改造

先选两户愿意做接待的村民进行老房改造，以唐三彩的装饰突出盛唐的意味。

### 2. 按旅游六要素进行的文化内容打造

要把水没坪村打造成一个有文化韵味的村庄，这样才可以让人们住下来，以目前的状态来看是留不住人的。住下来后要有玩的，有更新的体验内容，能让人们走后都很回味这里的日子，这才是人们都向往的地方。

吃：目前村里的餐饮总体上味道是很好的，因为这里生态环境很好，所以在食物上也有外面吃不到的味道。现在村民有自制的香肠、鸡蛋等，在菜品的开发和设计上，需要进行进一步的培训。除了味道外，更要注意形和色，还有餐具的选用。餐具可以统一进行定制，以形成当地的品牌效应。

住：上次考察的时候已决定选两户村民的房屋进行改造。目前村民的房屋结构和选材上都很适合做旅游，只需要进行适当的改造就可以。增加一些其他的功能，如在院子里设置可以喝茶赏景的凉亭等。

行：在村子里以步行为主，车子不进入村庄，保持这里的生态环境比什么都重要。另外如有可能，可以开发骑马旅游，这个需要进一步考察与设计。

游：制定规范的旅游路线图，标明景点的位置，每个村民都应该对这些地方非常熟悉，任何人都可以做导游，而不是专门雇一名导游进行讲解。因为村庄的规模及特殊的环境，所有的东西都是要住下来静静地去品味、去体会、去感受的。这里不应该做走马观花式的旅游，而是一个可以让人坐下来对着天空、对着茶园发呆的地方。

购：旅游品的开发在村里也有很好的基础，现在已经有很受国内外游客及经销商青睐的香菇、木耳及天麻等绿色保健食品。需要的是在包装上下功夫，做得精细一些，让人拿在手里有一种欣喜和不舍的享受感。

娱：挖掘村里原有的文化活动，如唱山歌等，可再培育一些新的文化项目。我们选了练唐拳，如果这个做好，每天带着游客们在娘娘祠门前的空地上打拳，也是一道很亮丽的风景。

## 四、贵妃醉茶——云想衣裳花想容，春风拂槛露华浓

### 1. 项目介绍

中国是茶的故乡。本地山势起伏，森林密布，植被丰富，雨量充沛，云雾弥漫，空气湿润。“云雾高山有好茶”，得天独厚的生态环境适宜于茶树生长。考古发现表明“贵妃醉茶”两千多年前这里已经开始人工栽培和生产茶叶，早在唐宋时期茶叶已声望在外，明清历有发展。“贵妃醉茶”这一名茶荣贯古今，享誉中外，是香飘人间的传世茶品。更有幸的是，2012 年娘娘寨建立了“贵妃醉茶之下午茶”的研究、体验中心，为“贵妃醉茶”打造了一个专业、正规的茶叶开发、旅游、研究、体验和销售的场所。

(1)“贵妃醉茶”下午茶文化

茶文化是中华传统优秀文化的组成部分，起源久远，内涵丰富，在娘娘寨将体验的下午茶时间包含了茶学研究、茶饮茶品、茶风茶俗、茶禅茶道、茶文书画、茶歌茶舞、茶艺表演、陶瓷茶具、茶馆茶楼、冲泡技艺、茶食茶疗、茶事博览等一系列茶事活动。

(2)“水没坪村·贵妃醉茶”下午茶时间

在娘娘寨享受“贵妃醉茶”的下午茶时间，通过当地专业的茶艺师优美的冲泡技艺，透过一副副小巧精美的茶具，看那一片片茶叶在水中翩翩起舞，如同一个个灵动的精魂在水中游走，是一种梦想与现实结合的境地。

### 2. 水没坪村“贵妃醉茶”下午茶介绍

（1）唐朝文化为主线

唐朝茶文化的形成与当时的经济、文化、发展相关。唐朝疆域广阔，注重对外交往。长安是当时的政治、文化中心，中国茶文化正是在这种大气候下形成的。茶文化的形成还与当时佛教的发展、科举制度、诗风大盛、贡茶的兴起和禁酒有关。唐朝陆羽自成一套的茶学、茶艺、茶道思想，及其所著《茶经》，是一个划时代的标志。《茶经》非仅述茶，而是把诸家精华及诗人的气质和艺术思想渗透其中，奠定了中国茶文化的理论基础。

唐朝茶文化是以僧人、道士、文人为主的茶文化，而宋朝则进一步向上向下拓展。一方面是宫廷茶文化的出现，另一方面是市民茶文化和民间斗茶之风的兴起。宋代改唐人直接煮茶法为点茶法，并讲究色香味的统一。到南宋初年，又出现泡茶法，为饮茶的普及、简易化开辟了道路。宋代饮茶技艺是相当精致的，但一开始很难溶进思想感情。后来由于宋代著名茶人大多数是著名文人，加快了茶与相关艺术融为一体的过程。像徐铉、王禹、林逋、范仲淹、欧阳修、王安石、苏轼、苏辙、黄庭坚、梅尧臣等文学家都好茶，所以著名诗人有茶诗、书法，家有茶帖，画家有茶画，这使茶文化的内涵得以拓展，与文学、艺术等纯精神文化直接关联起来。

（2）杨贵妃文化为辅

杨玉环，今山西永济人。开元二十三年，17 岁的杨玉环被册为寿王妃。天宝四年，27 岁的杨玉环被唐玄宗李隆基册为贵妃，历史上有“贵妃醉茶”的典故。

（3）生活茶的概念

在“水没坪村·贵妃醉茶”项目中提出“贵妃醉·生活茶”的概念，让奢华的“贵妃醉茶”成为每个村民、游客生活的一部分，体会并享受中国文化最生活化的“柴米油盐酱醋茶”！

（4）每天下午 2 点至 3 点为下午茶时间

每天下午 2：00—3：00 为下午茶时间，以红茶为主。在村里安放一个钟，每天下午 2：00 以钟声为准，村里每个人都放下手里的事情，开始喝下午茶，一个小时的时间。

（5）专用茶具的配置

跟茶器配套公司合作，为“水没坪村·贵妃醉茶”项目设计专用茶具（红茶、绿茶）。

（6）整理红茶、绿茶的不同炮制方法，整理出一套别具风格，水没坪村独有的红茶、绿茶炮制方法。

### 3. 茶文化体验区的硬件部分

（1）20户人家住处的整修、改造和装修。

（2）公共场所喝茶部分的规划。

### 4. “水没坪村·贵妃醉茶” 下午茶时间的体验

（1）游客参与为主

体验水没坪村贵妃醉茶（红茶、绿茶、花茶）的不同冲泡方式，基本上要准备的茶具有：盖碗杯、玻璃杯、晾水杯、公道杯、品茗杯、闻香杯、随手泡、茶道组、茶盘、赏茶盒、茶桶或茶罐、茶巾、茶宠等。

（2）清新绿茶篇

每天轻松品绿茶：春季是中国新茶的采摘季节。新茶中最先面市的是使用大量嫩叶炒制的高级绿茶。娘娘寨的“贵妃醉”在这个时候体验、品味是最佳时间，品这种珍品茶时需要有好茶、好的沏茶方法和环境，当然也离不开好的茶具。根据绿茶的特点与冲泡方式，我们为清新品味绿茶设计了一套独具风格的茶具：玻璃晾水杯、玻璃茶具、内白外红或青花釉里红品茗杯。

（3）贵妃红茶篇

在每天的下午茶时间，双手捧一杯娘娘寨特有的“贵妃红”最是恰到好处，在娘娘寨采用红茶这一工艺，打造自己的品牌和独特的体验方法。

## 五、旅游推广——林花著雨燕支湿，水荇牵风翠带长

### 1. 优势分析

客店镇娘娘寨村具有丰富的旅游资源和旅游环境，加上关于杨贵妃的历史故事，为娘娘寨发展高端乡村旅游提供了良好的条件。

（1）内部资源优势

水没坪村只有村民20余户，乡风祥和，民风淳朴，杨贵妃的故事更为当地披上浓厚的历史人文色彩。大量古银杏树也见证了该村庄的悠久历史，同时成为显著的景观。当地的原生态茶叶、野生灵芝、野生天麻更为将这里打造成城市高端人群归隐养生的世外桃源提供了非常好的产业基础。

（2）外部资源优势

黄仙洞到水没坪的出口为水没坪的世外桃源色彩提供了很好的演绎基础，很容易让人产生归隐的联想。而另一条通往水没坪的道路，虽然交通不便，却连接了一个深受户外爱好者青睐的高山草甸和大面积的原始森林，同样能够制造神秘色彩并进行旅游资源连线。同时，客店镇的赵泉河村、夏湾瀑布、月池、栎树湾、莫愁湖、陈湾温泉、七仙峰等其他旅游资源为娘娘寨的发展提供了非常好的旅游连线资源。钟祥市的明显陵、大口国家森林公园、绿林寨、洪山禅寺等自然旅游资源、人文旅游资源和各种红色旅游资源都非常丰富，并具有一定发展规模和影响力。沿线的农家餐饮和住宿都发展得非常活跃，也为将来旅游连线提供了很好的基础。

（3）环境优势

从政策环境来讲，整个钟祥市以旅游发展为支柱产业。钟祥市在武汉、华中一带的旅游影响力都较大，政府给予当地发展旅游的政策有利于客店镇娘娘寨村发展乡村旅游。从自然环境来讲，娘娘寨村四周均为山地原始森林，与外界相对隔绝封闭，易于为游客制造神秘感和心理期待，能够满足城市游客的隐逸心理需求。

（4）客源市场优势

本项目正好位于湖北的武汉、襄阳、宜昌三个主要城市形成的三角地的中心，也就意味着，这三个城市的游客均可方便地到达该地旅游，所以该项目拥有非常充足的目标客源市场。

（5）团队优势

客店镇为发展本项目，专门以镇长挂帅，科技副镇长、村主任和村官作为骨干，形成既有决策力量，又有本地骨干，也有外部衔接力量的团队结构，便于在项目的进展中，既能够立足本土特点，又能够快速吸收外来理念，让项目的发展稳固坚实，同时也能够实现高瞻远瞩，也让负责项目策划设计的专家组对项目的落地有了更强的信心。

2. 问题分析

（1）黄仙洞旅游发展问题的负面影响

之前的开发商在发展黄仙洞旅游时也兼顾了水没坪，但是因后来经营不善导致出现当地“烂尾”状况，特别是黄仙洞到水没坪的洞口的处理，让画龙点睛位置的景观价值大打折扣。在项目执行过程中需要通过大量政策干预和重新规划设计恢复洞口的景观。同时，水没坪其他古银杏旅游景点的产权也要划分清晰，防止发展中引起矛盾。

（2）村民旅游服务意识有待提高

当地大多数村民对旅游服务的认识几乎是一片空白，个别先知先觉的农家乐主人和摊贩对旅游服务的认识还处于非常原始的状态，需要进一步规范和培训。

（3）资源优势未转化为产品

当地大量的原生态茶叶、野生灵芝、野生天麻因为没有形成品牌，所以只能处于非常原始的兜售状态。只有经过成体系的设计、包装、宣传、销售，才可以形成具有持续效益的旅游产品。

（4）村庄卫生环境需要大幅度整治

水没坪村虽然具备很好的自然环境资源，但是农家卫生环境距离乡村旅游的要求仍然很远，需要整体策划治理，并培训村民在资源分类和内外环境整治方面的技巧，方可奠定乡村旅游特别是高端乡村旅游的基础。

（5）村庄民俗文化需要恢复

因为村庄较小，游览时间有限，所以村庄里一些传统的恬静的诸如琴棋书画类的文化娱乐应该得到进一步恢复。这样不但可以陶冶村民的情操，同时可以很好地烘托杨贵妃典故的氛围。

（6）具有旅游价值的老民宅需要加强保护

当地比较有观赏价值的老民宅应该进一步得到保护和修复，无论任其自然破败还是颠覆性的仓促整修，都将失去其宝贵的文化景观价值。

3. 发展定位

结合杨贵妃的隐逸故事，面向城市休闲人群发展高端乡村度假旅游，同时围绕高端人群展开定制化的特色乡村产品销售。

### 4. 实施步骤

整体依托当地的地理环境和资源分布，先从只有 20 多户农家的水没坪村为中心展开工作，树立娘娘寨乡村旅游的核心与典范。其他村组围绕水没坪逐渐依托自身资源优势发展外围产业。

第一阶段：景观修复阶段

（1）硬件景观：参看“二、景观设计”部分内容。

（2）软件景观：结合“三、文化打造”部分内容，由远方网组织专家队伍，对村民进行对联撰写、象棋、围棋、武术、古乐、杨姓祭祀、村民故事收集的培训和指导，培养村民高雅的生活情趣，同时优化乡村人文环境。

第二阶段：产品研发阶段

（1）茶产品恢复研发和设计包装，具体方案由梁燕团队负责制定并执行。

（2）菌类、酒类、山货、农家餐具、农家豆腐、农家饮料的恢复研发和设计包装，具体方案由远方网团队制定并执行。

第三阶段：服务培训阶段

（1）在当地挑选愿意领先配合工作的积极分子，加以培养，鼓励和扶持其旅游事业的发展，同时教会他们传帮带其他村民的能力。

（2）从外地引入具有灵活商业头脑和艺术修养的商户，给予优惠政策鼓励发展，从而带动当地整体旅游氛围和后续以及外围发展。具体方案由远方网团队制定并执行。

第四阶段：宣传推广阶段

（1）形象预热：在项目开始时，依托村庄的原始资源和历史故事，通过新浪、搜狐、腾讯等大型门户以及博客博主和部分户外俱乐部等渠道，进行形象包装预热推广，在部分自助游和发烧友人群中拓展影响力，为后期精准宣传打好基础。

（2）精准推广：项目后期各方面条件均具备时，在进一步加大网络推广力度的前提下，通过举行多种高端会议等活动形式，吸引大量高端文化人群前往当地游览考察，并和武汉、宜昌、襄阳等城市的大公司 VIP 客户服务部门合办多种休闲养生活动，扩展该地在目标精准人群中的影响力。

# 农民·房子

# 一、典型农房户型1

典型农房户型1效果图1

典型农房户型1效果图2

典型农房户型 1 院落效果图

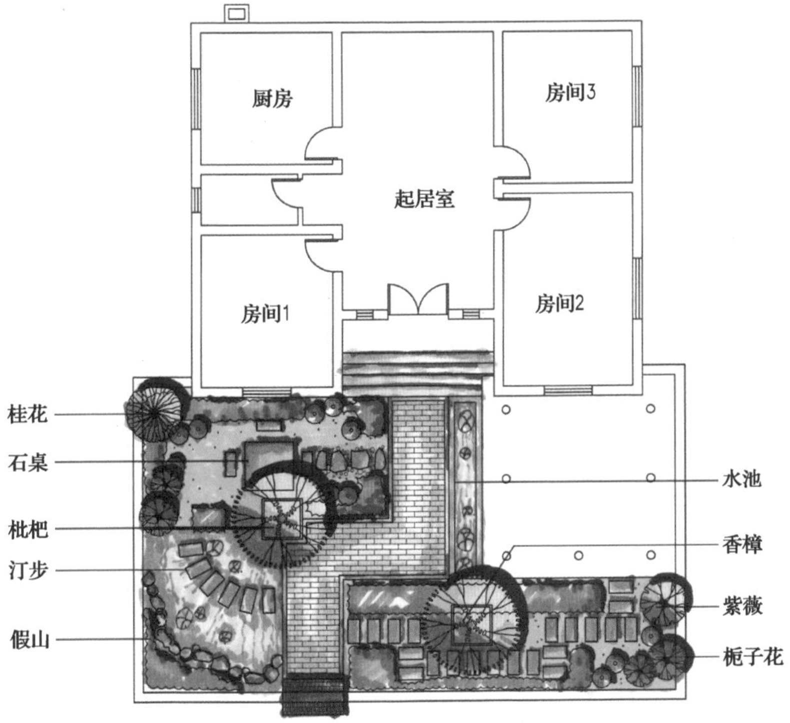


典型农房户型 1 院落平面图

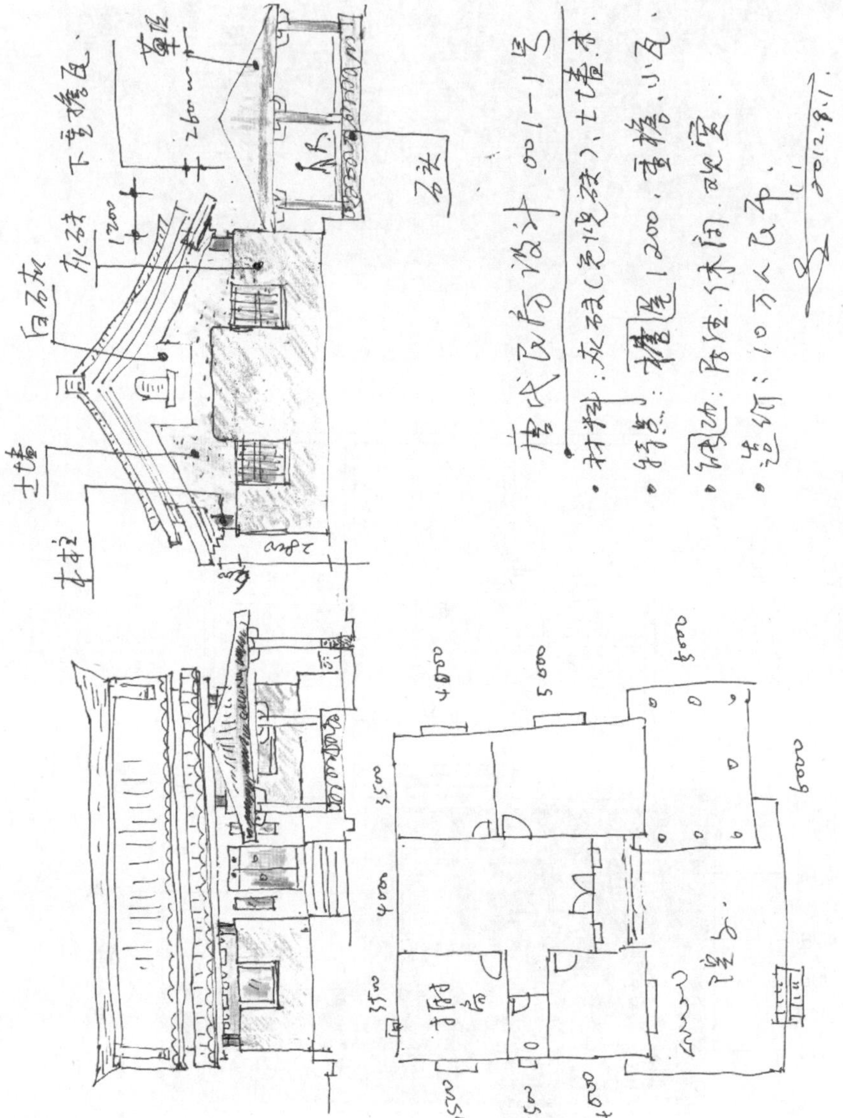


典型农房户型1 手绘图

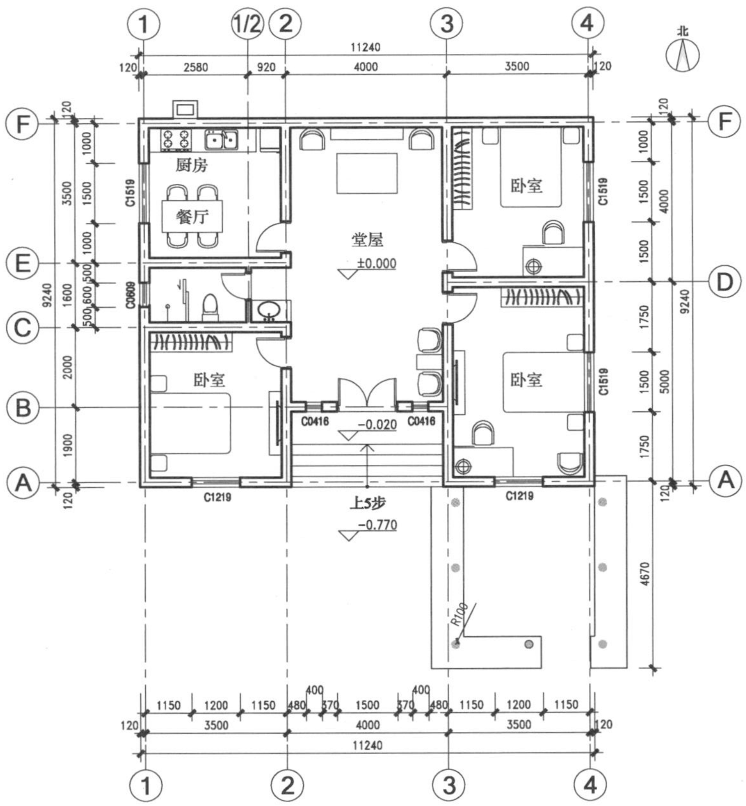


首层平面图

建筑面积96.71m²

说明：

1. 图中未标明墙体为普通实心水泥砖；
2. 图中未标明砌体厚240mm，未标明门垛为轴线到边240mm；
3. 厨房、厕所，较相应楼面–0.03m；
4. 尺寸单位：m mm。

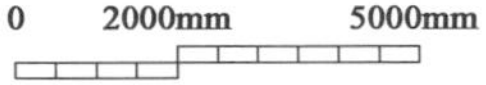


典型农房户型 1 首层平面图

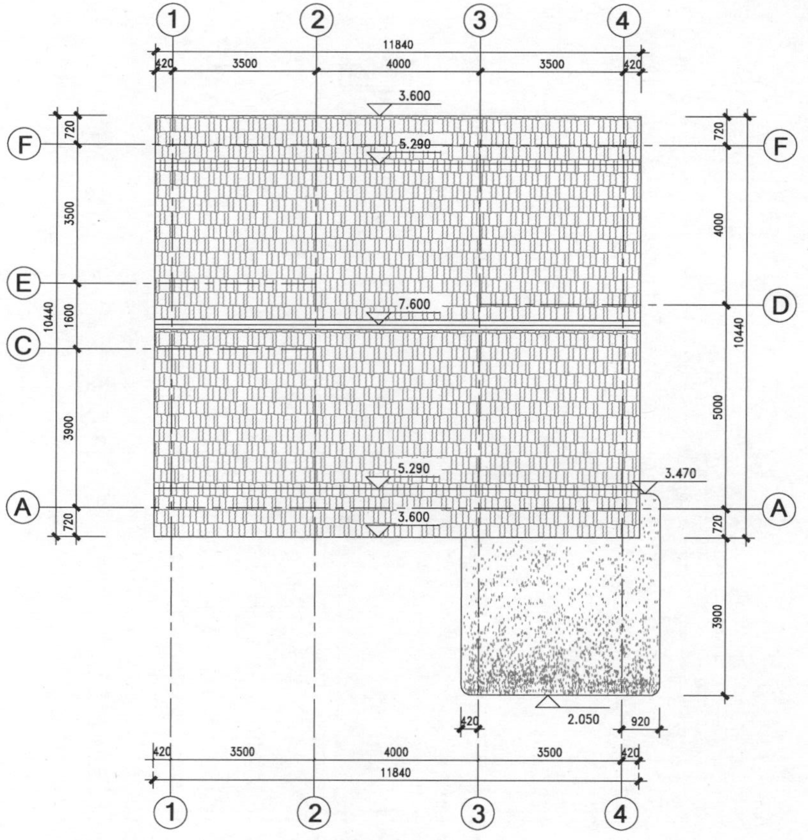


屋顶平面图

说明：

1. 图中未标明墙体为普通实心水泥砖；
2. 图中未标明砌体厚240mm，未标明门垛为轴线到边240mm；
3. 厨房、厕所，较相应楼面–0.03m；
4. 尺寸单位：m mm。

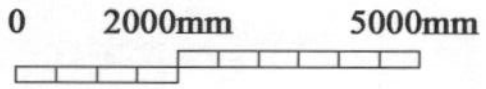


典型农房户型 1 屋顶平面图

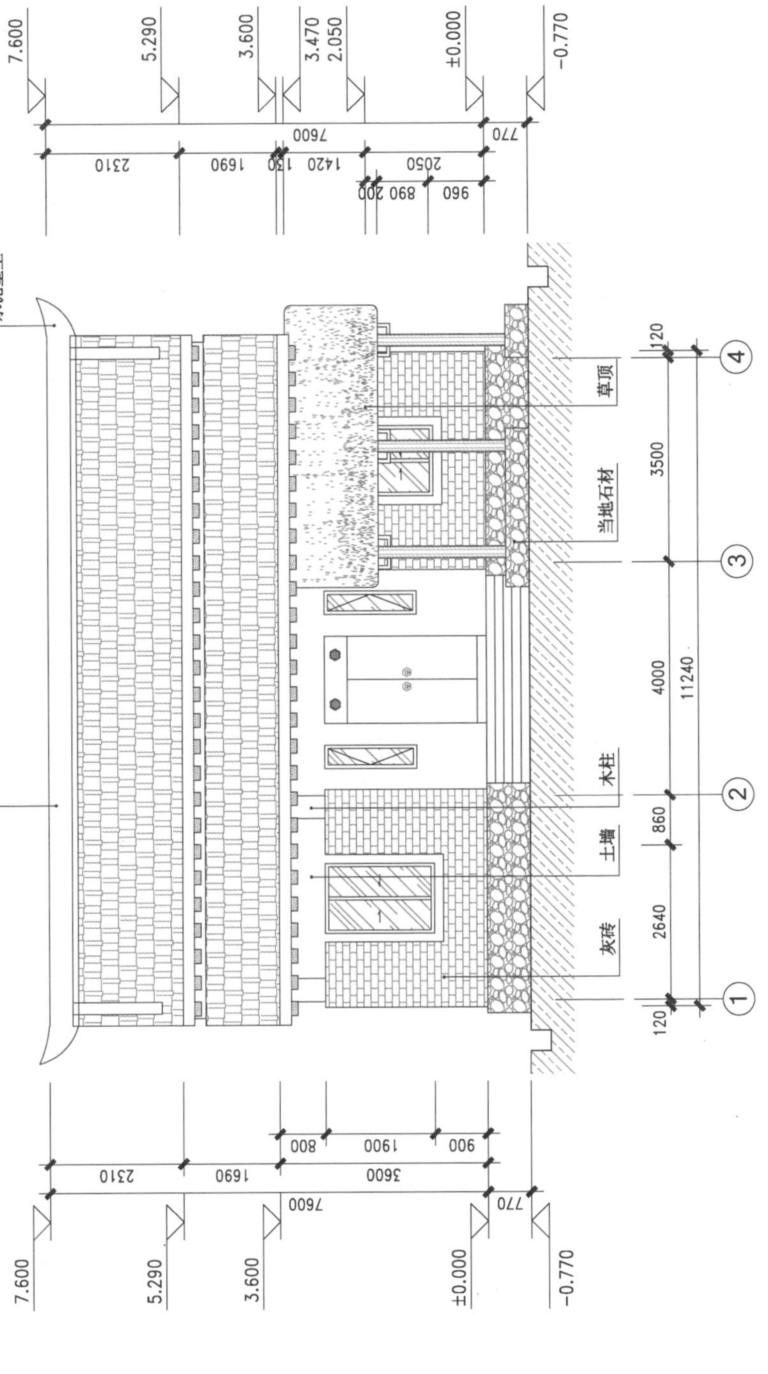


轴①～④立面图

典型农房户型1轴立面图1

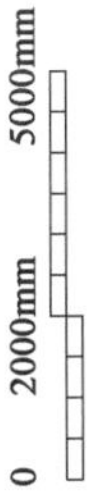

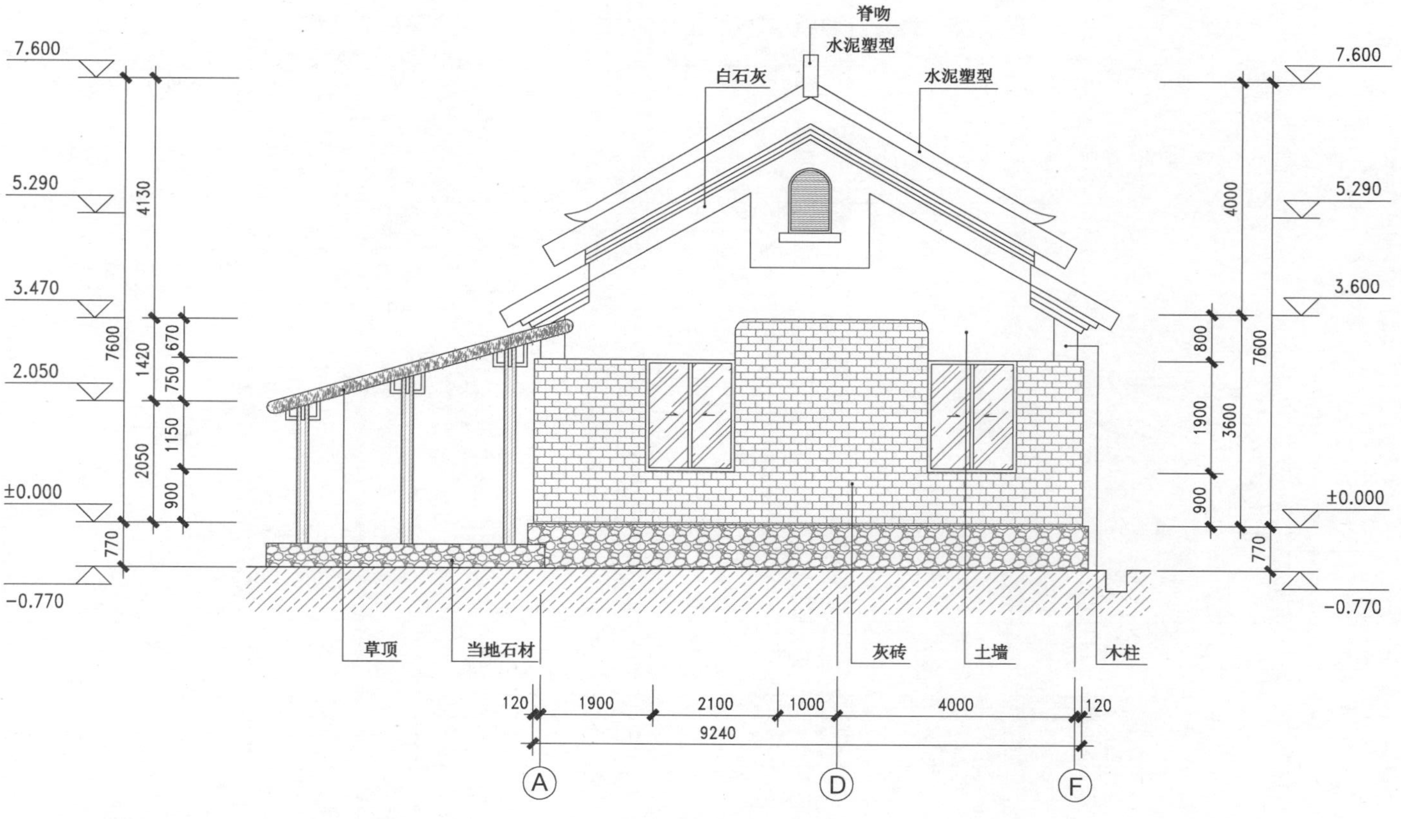


**轴Ⓐ～Ⓕ立面图**

典型农房户型 1 轴立面图 2

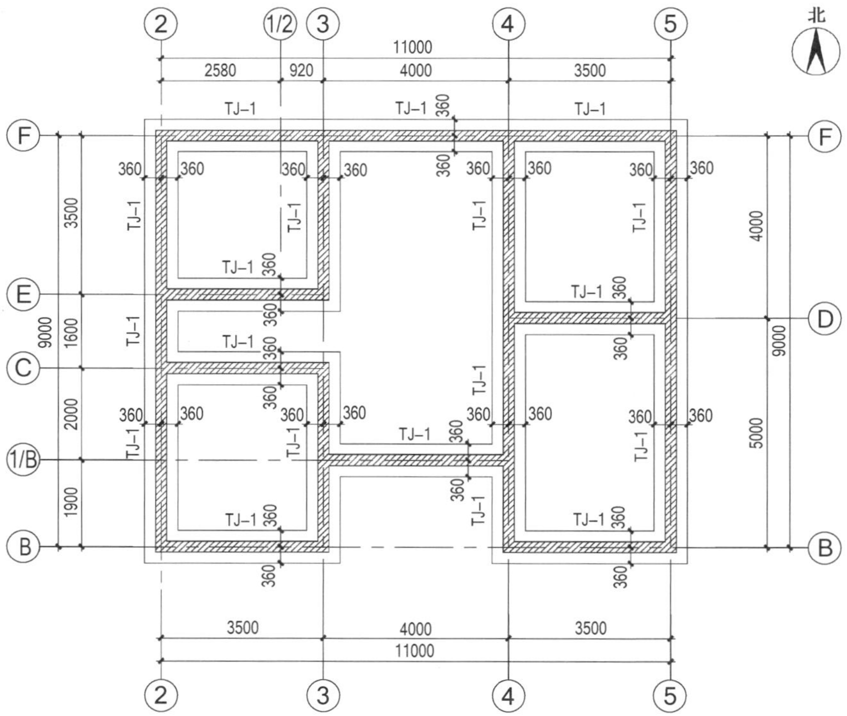


基础施工图 1:100

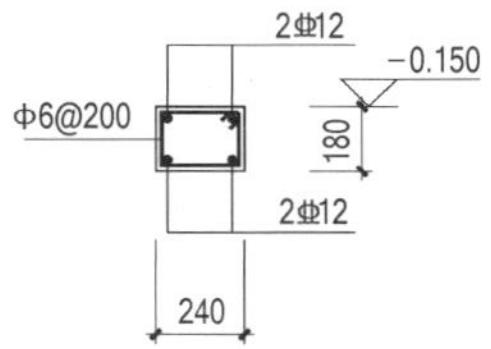


基础圈梁配筋 1:25

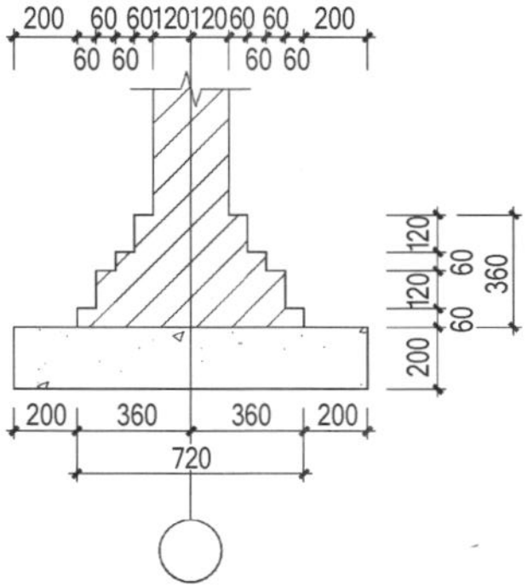


TJ—1 1:25

**说明：**

1. 未标注条形基础均为轴线居中。
2. 基础垫层混凝土强度等级为C15。

典型农房户型 1 基础施工图

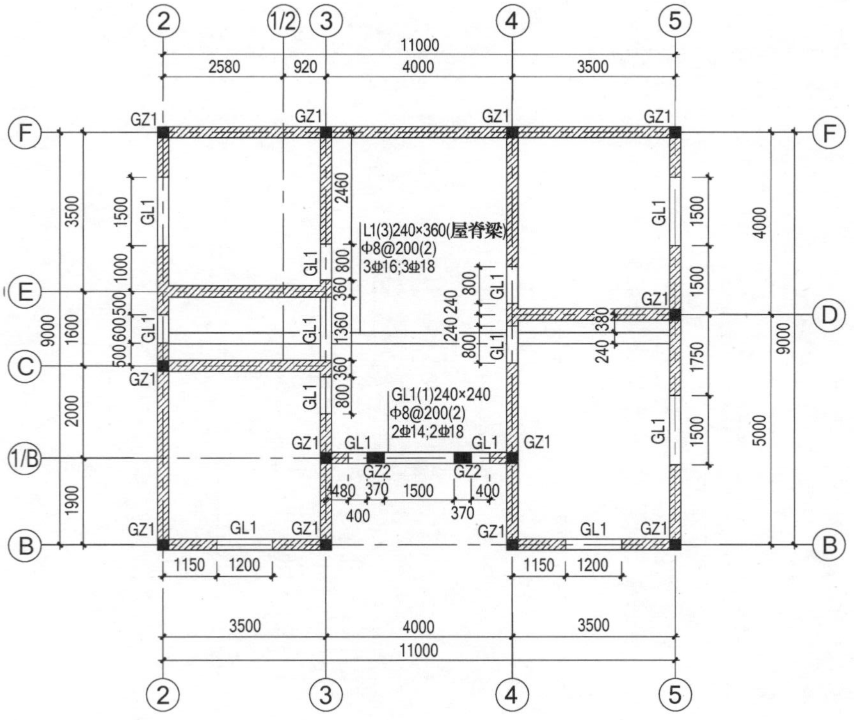


首层墙梁布置图 1:100

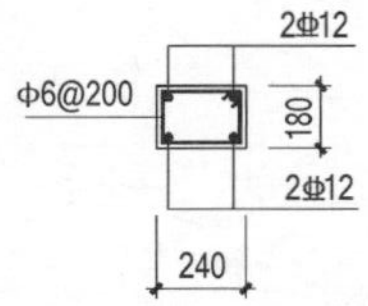


圈梁配筋示意图 1:25

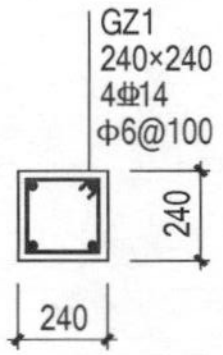


GZ1 1:25

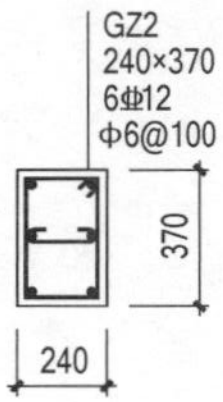


GZ2 1:25

说明：

1. 未标注梁、墙、构造柱均为轴线居中，梁、柱混凝土强度等级为C30。
2. 未特殊说明楼层标高处均设圈梁，圈梁宽度同墙厚，高度为180mm。
3. 圈梁与过梁或梁位置重合时取消圈梁，按过梁或梁施工。

典型农房户型 1 首层墙梁布置图

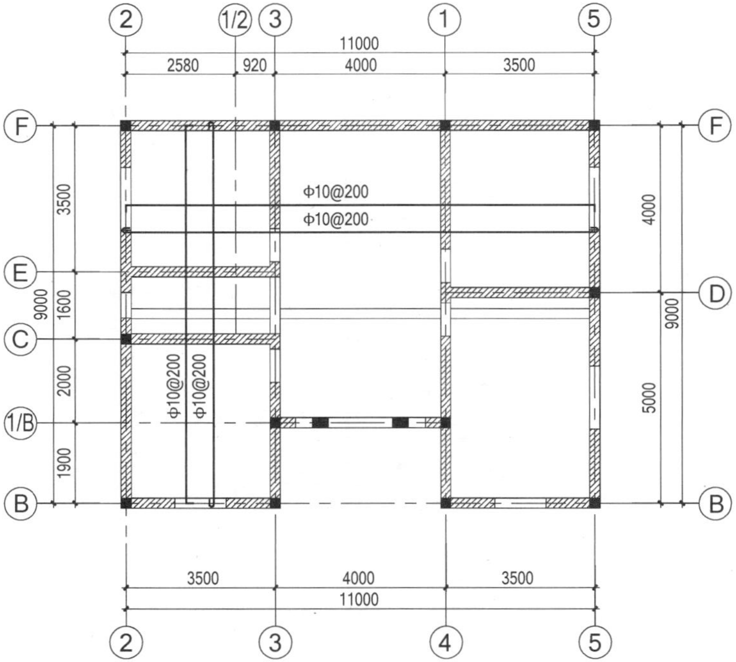


坡屋顶配筋平面 1:100

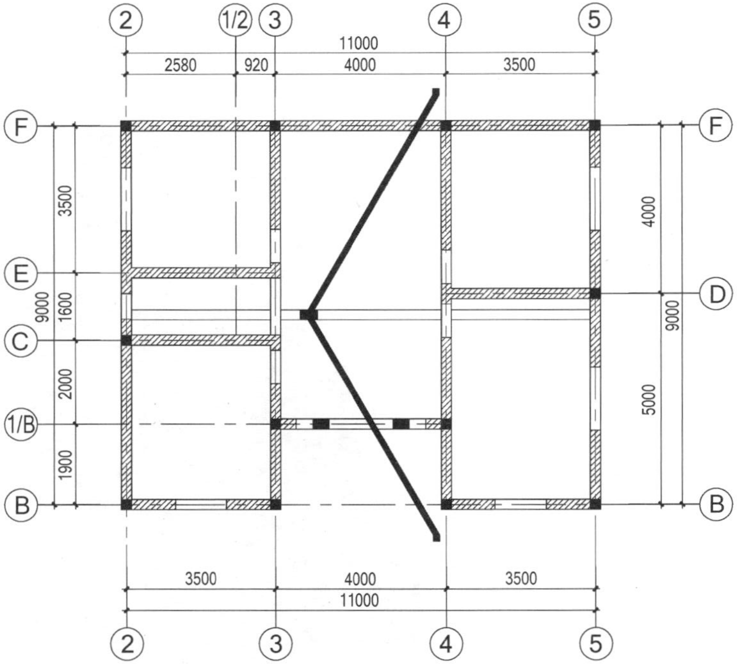


坡屋顶示意图 1:100

说明：

1. 未标注板厚为120mm。
2. 楼板混凝土强度等级为C30。

典型农房户型 1 坡屋顶配筋平面图、示意图

## 二、典型农房户型2

典型农房户型2效果图1

典型农房户型2效果图2

典型农房户型 2 院落效果图

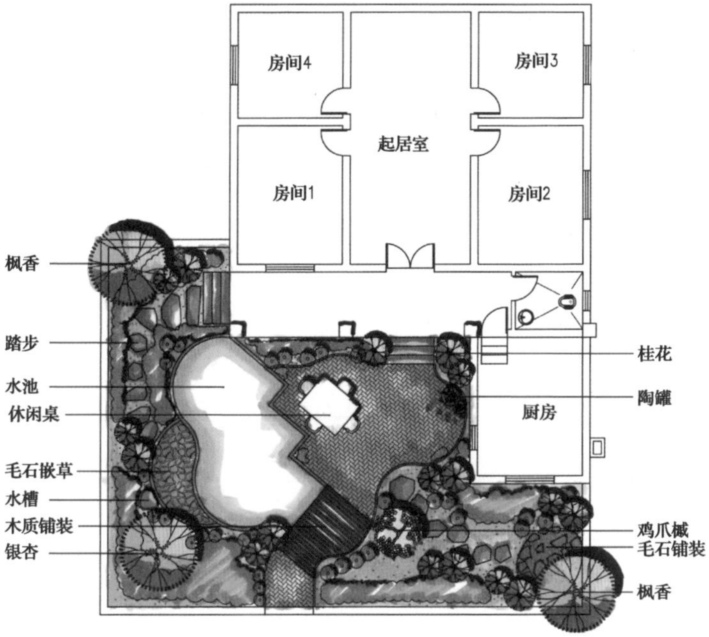


典型农房户型 2 院落平面图

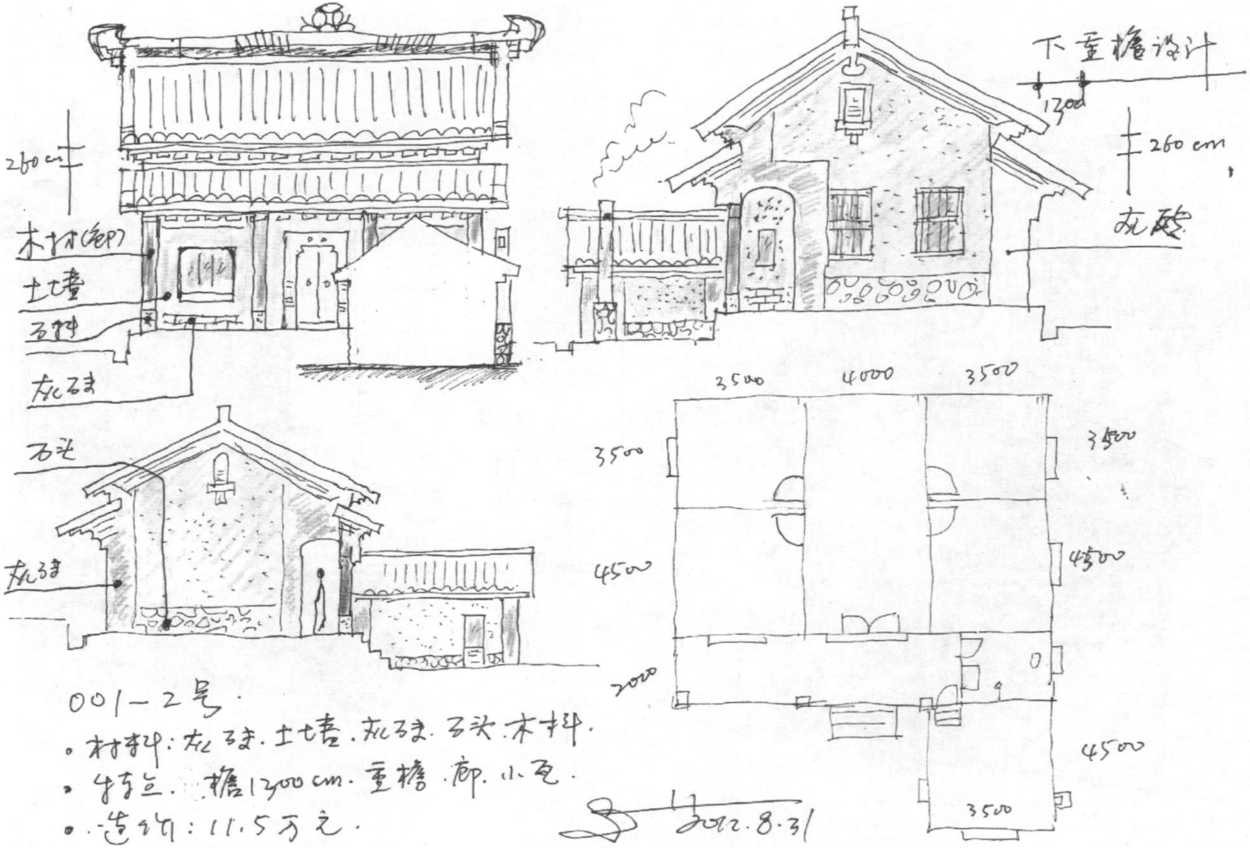
下垂檐设计
1200
260 cm
灰砖
260 cm
木材
土墙
石材
灰砖
3500
4000
3500
4500
2000
001—2号
材料：灰砖、土墙、灰砖、石头、木料
特点：檐1200 cm、垂檐、廊
造价：11.5万元
2012.8.31

典型农房户型 2 手绘图

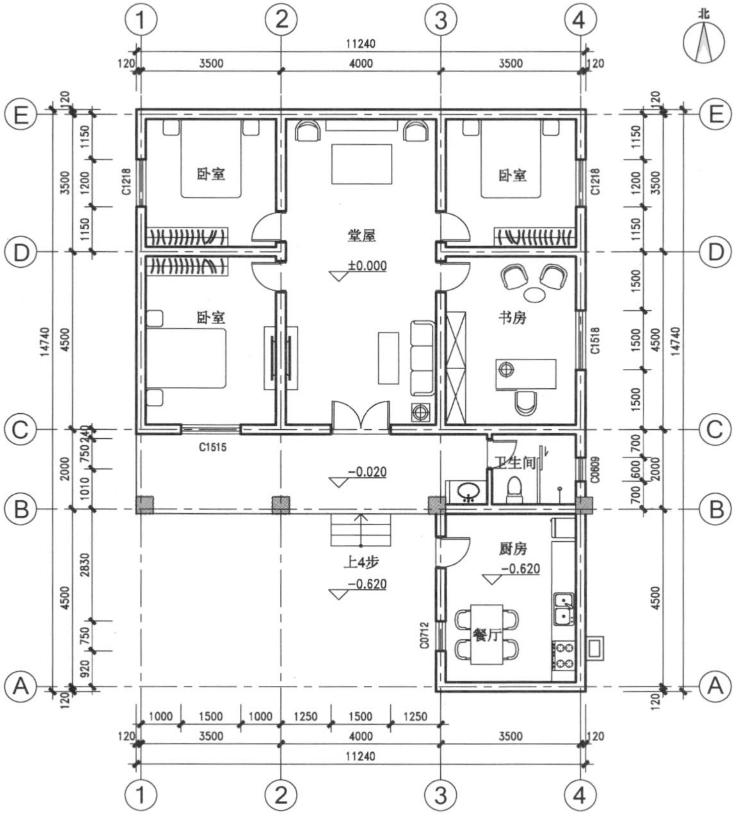


首层平面图

建筑面积114.67m²

说明：

1. 图中未标明墙体为普通实心水泥砖；
2. 图中未标明砌体厚240mm，未标明门垛为轴线到边240mm；
3. 厨房、厕所，较相应楼面–0.03m；
4. 尺寸单位：m mm。

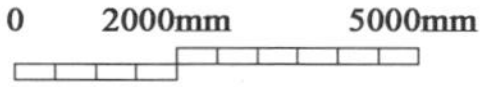


典型农房户型 2 首层平面图

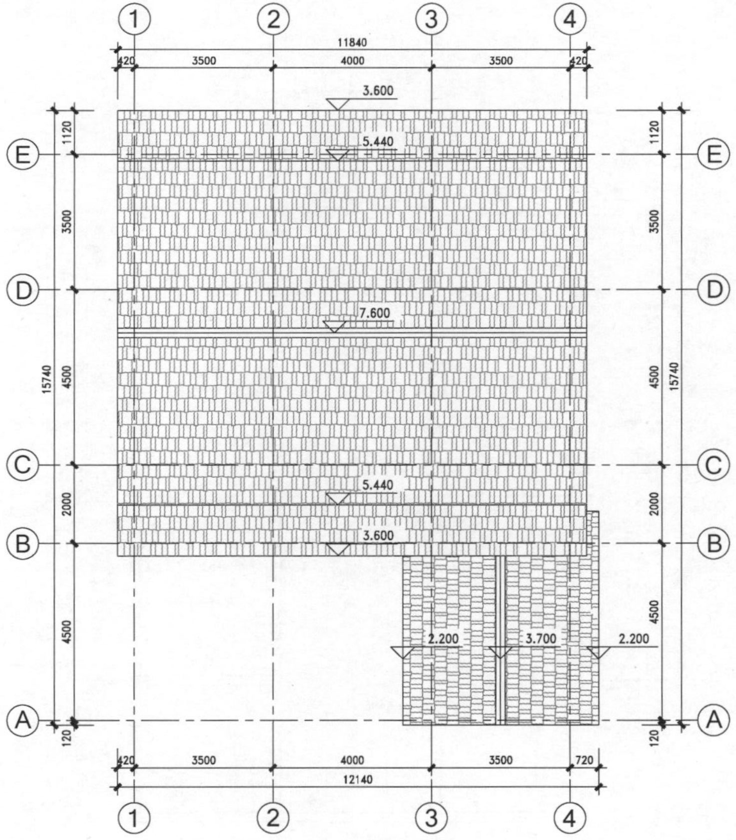


**屋顶平面图**

说明：

1. 图中未标明墙体为普通实心水泥砖；
2. 图中未标明砌体厚240mm，未标明门垛为轴线到边240mm；
3. 厨房、厕所，较相应楼面–0.03m；
4. 尺寸单位：m mm。

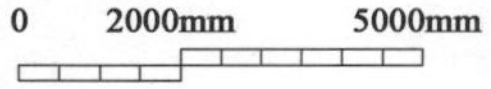


典型农房户型 2 屋顶平面图

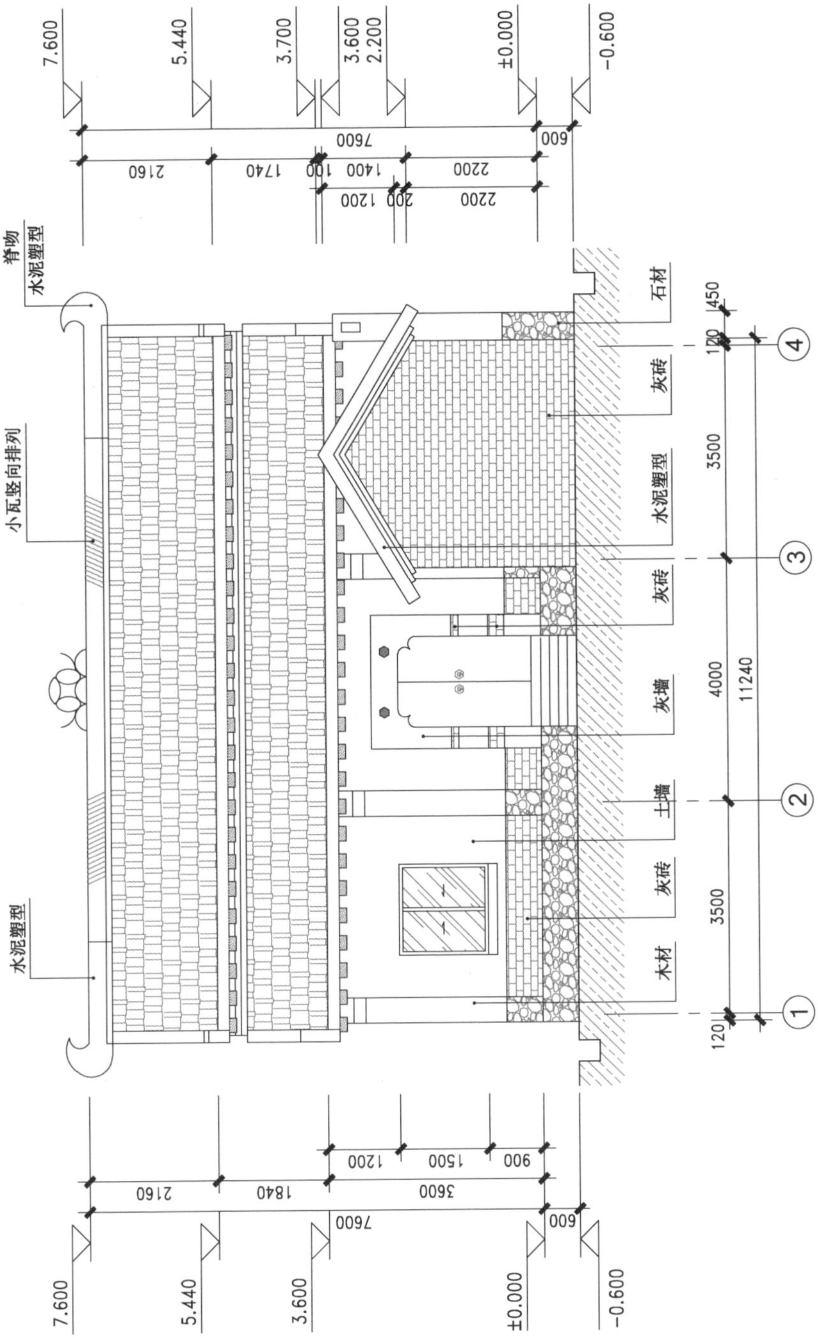


轴①~④立面图

典型农房户型2轴立面图1

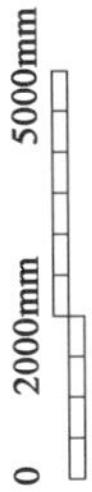

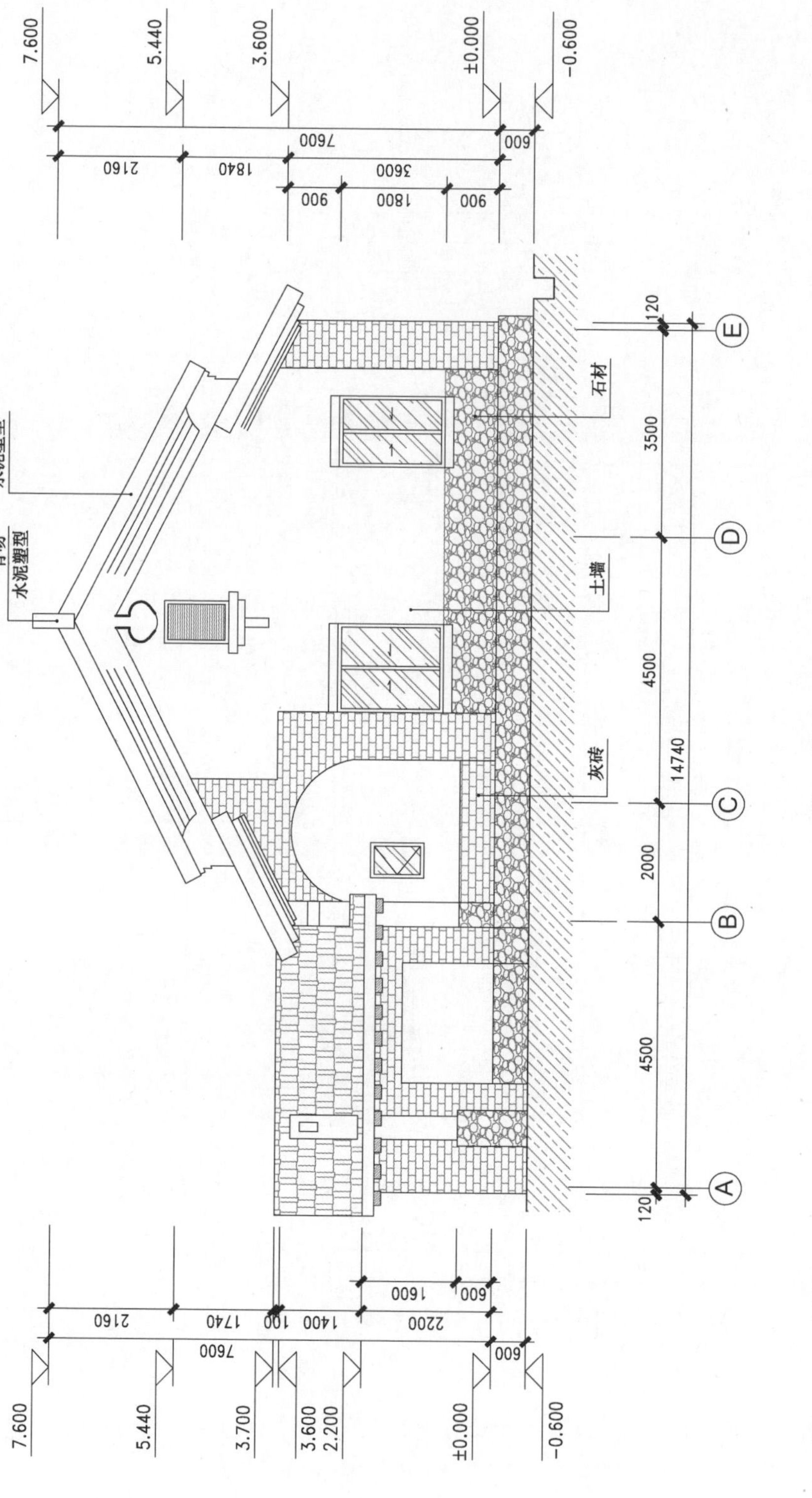


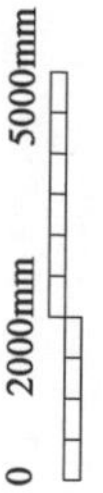


**轴Ⓐ~Ⓓ立面图**

典型农房户型2轴立面图2

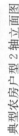

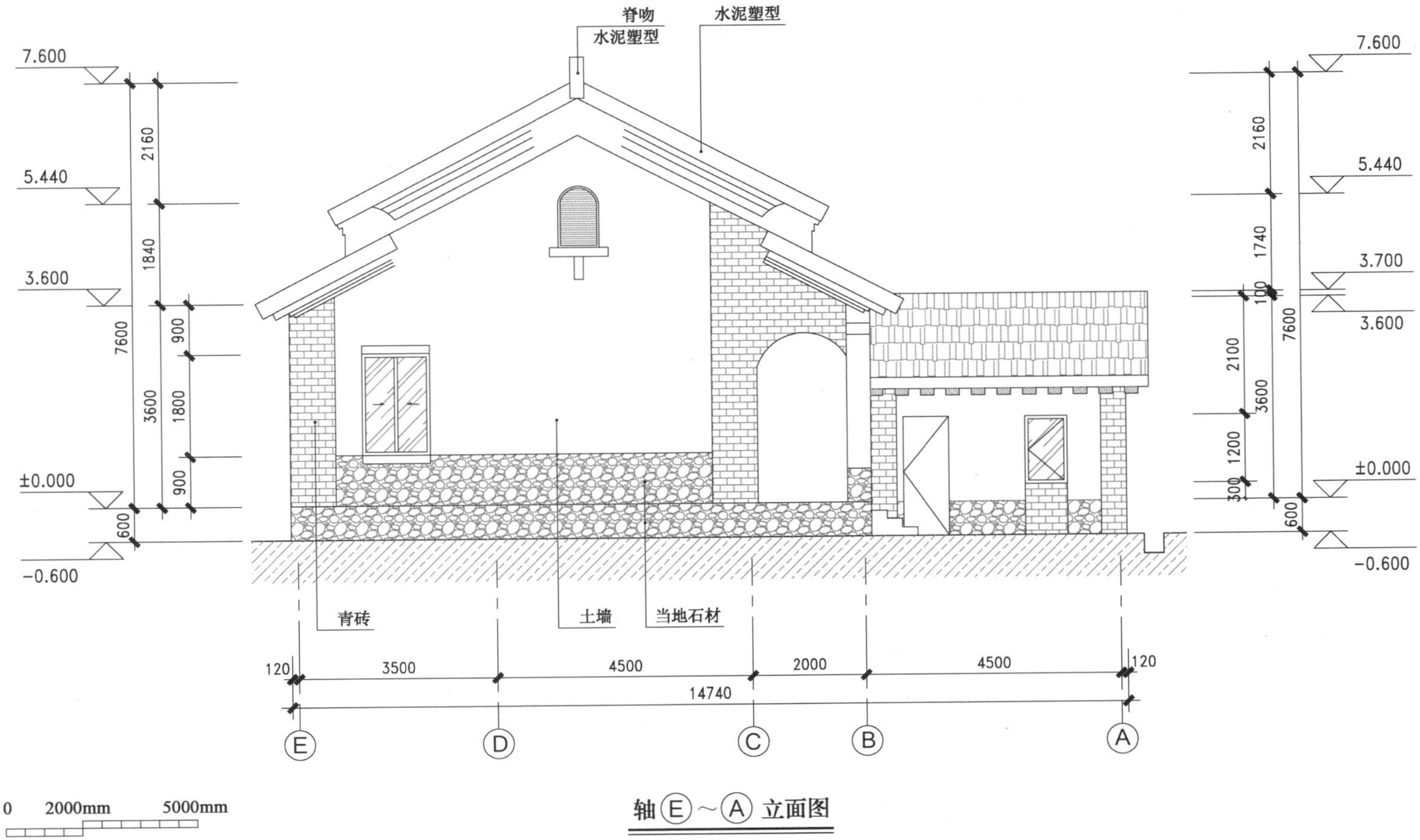


轴Ⓔ～Ⓐ立面图

典型农房户型2轴立面图3

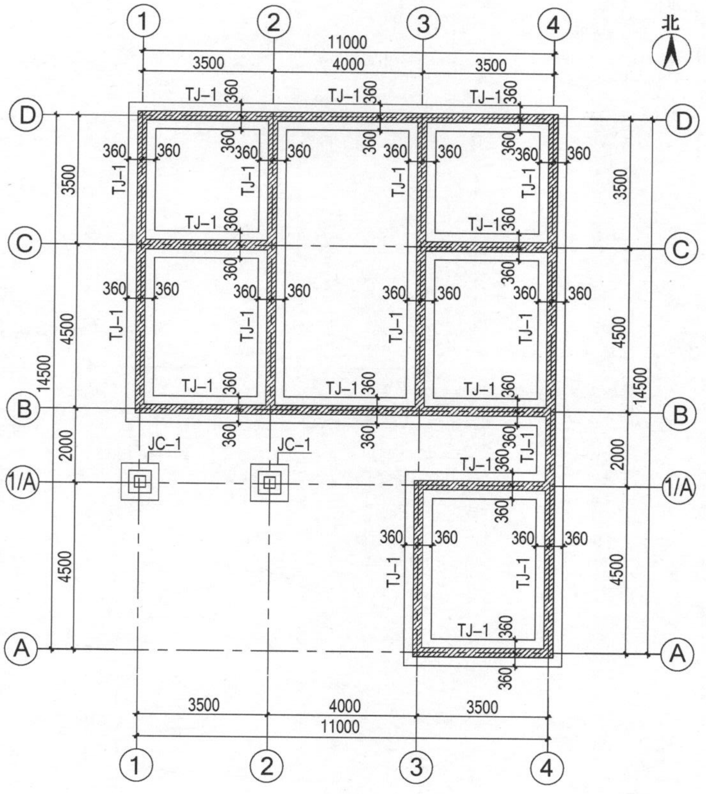


**基础施工图** 1:100

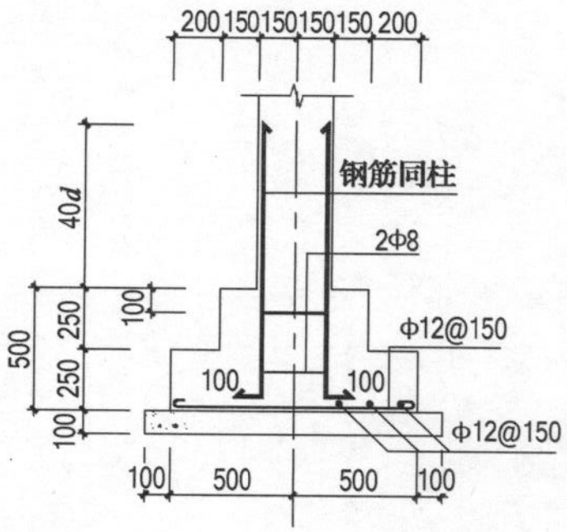


1—1 1:25

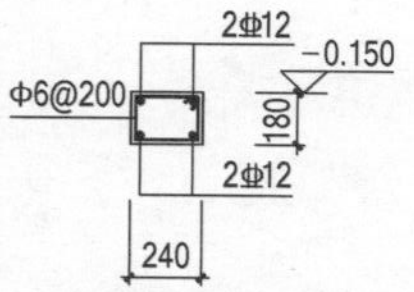


**基础圈梁配筋** 1:25

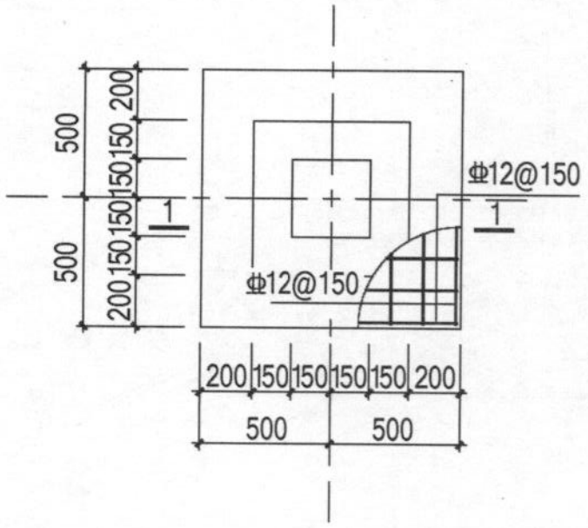


JC—1 1:25

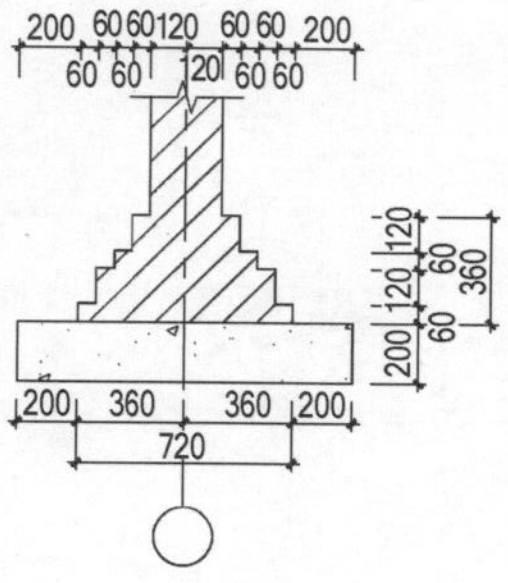


TJ—1 1:25

**说明：**

1. 未标注条形基础均为轴线居中。
2. 基础混凝土强度等级为C30，垫层混凝土强度等级为C15。

典型农房户型 2 基础施工图

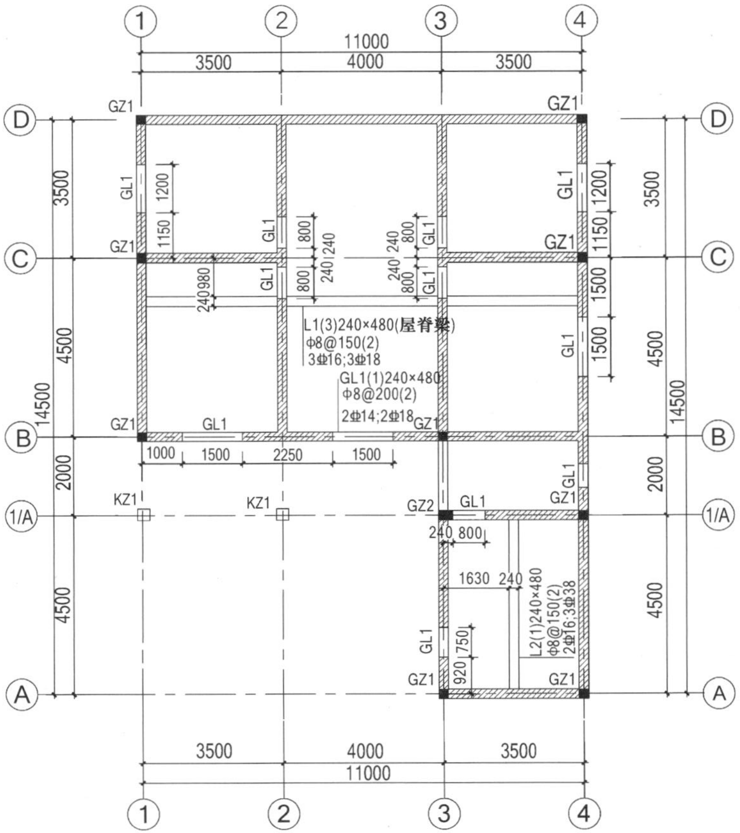


首层墙梁布置图 1:100

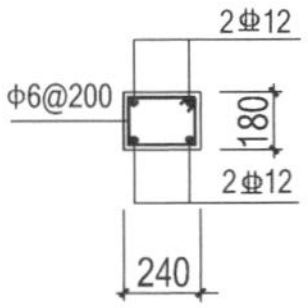


圈梁与筋示意图 1:25

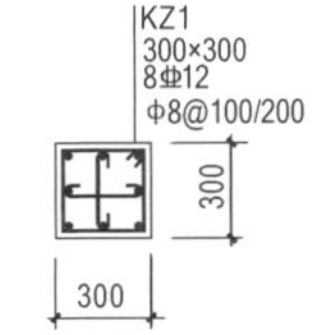


KZ1 1:25

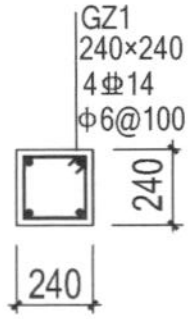


GZ1 1:25

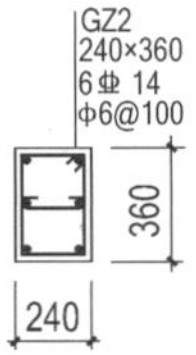


GZ2 1:25

说明：

1.未标注梁、墙、构造柱均为轴线居中，梁、柱混凝土强度等级为C30。

2.未特殊说明楼层标高处均设圈梁，圈梁宽度同墙厚，高度为180mm。

3.圈梁与过梁或梁位置重合时取消圈梁，按过梁或梁施工。

典型农房户型 2 首层墙梁布置图

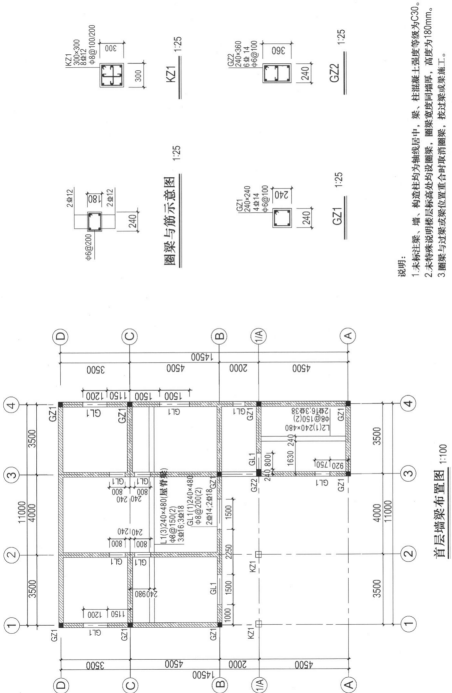

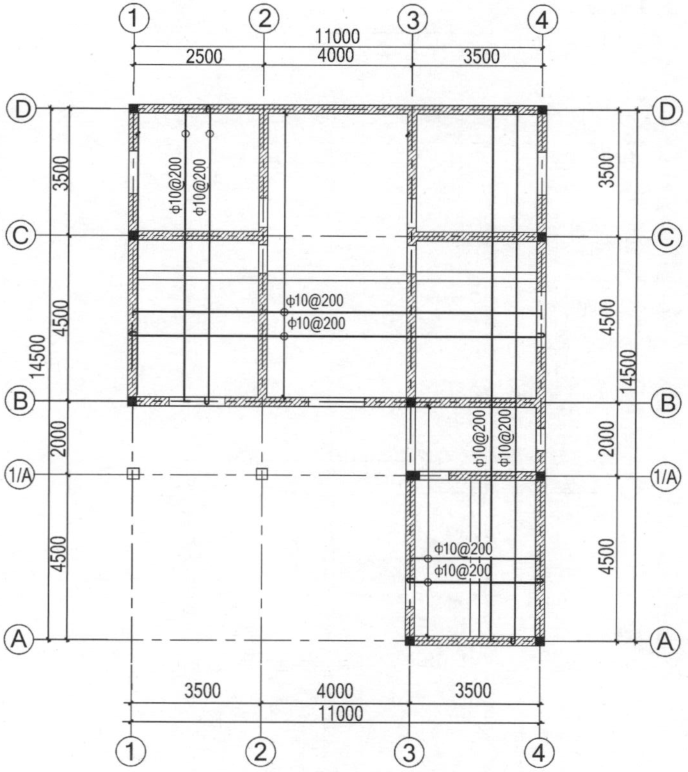


坡屋顶配筋平面 1:100

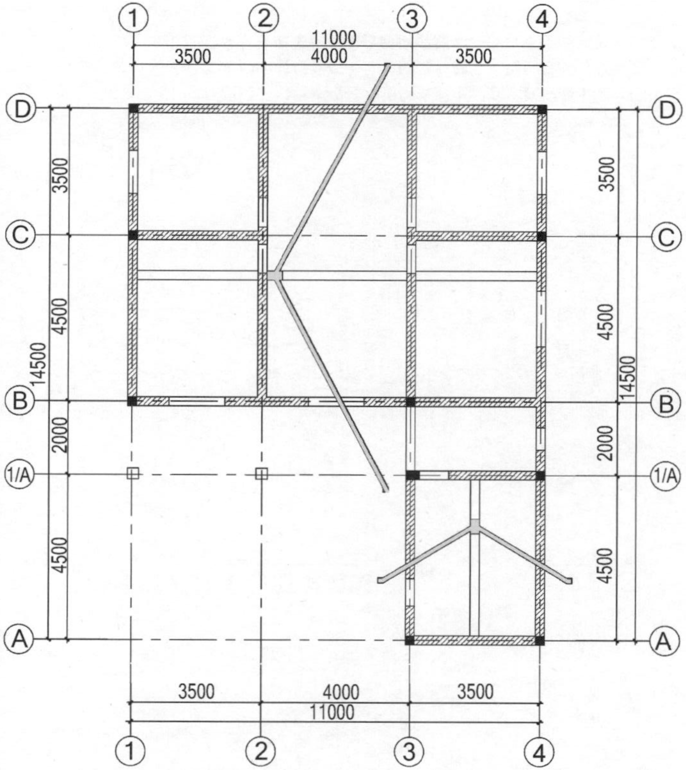


坡屋顶示意图 1:100

说明：

1. 未标注板厚为120mm。
2. 楼板混凝土强度等级为C30。

典型农房户型 2 坡屋顶配筋平面图、示意图

# 三、典型农房户型3

典型农房户型3效果图1

典型农房户型3效果图2

典型农房户型 3 院落效果图

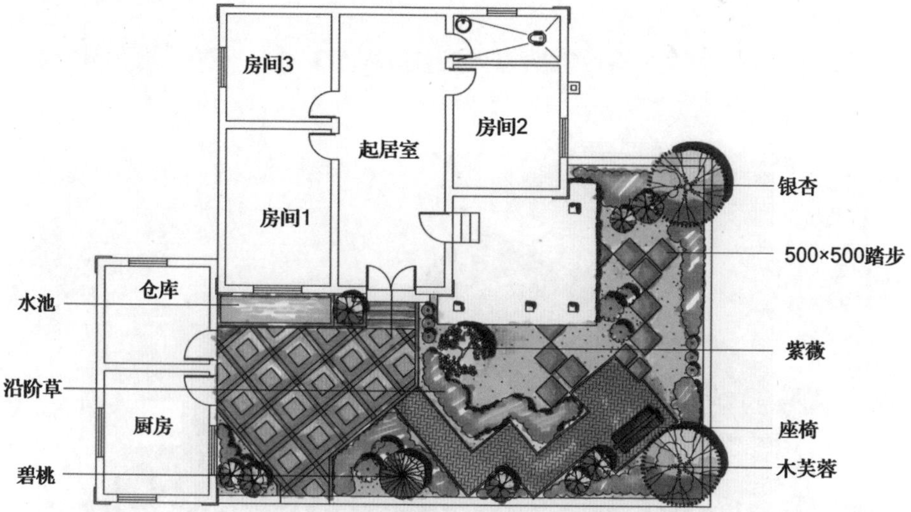


典型农房户型 3 院落平面图

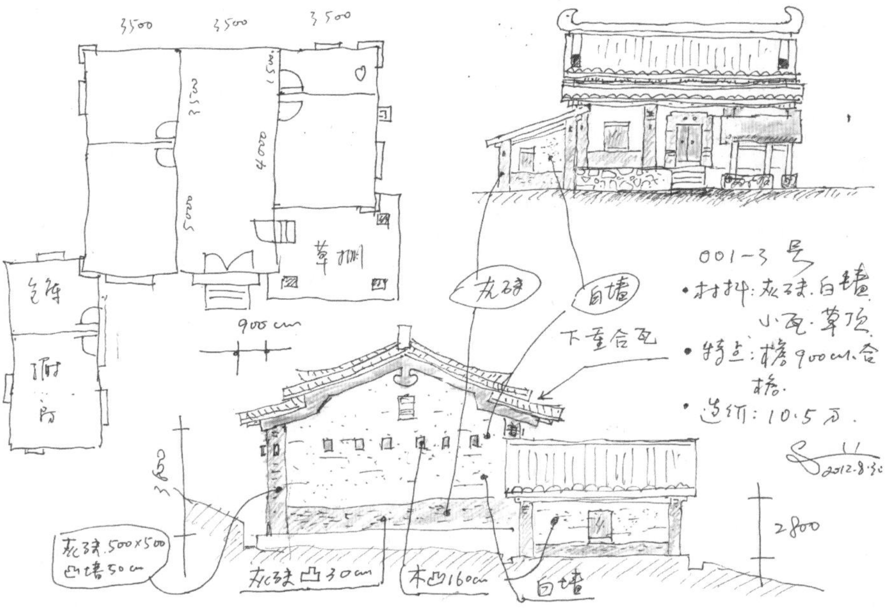


典型农房户型 3 手绘图

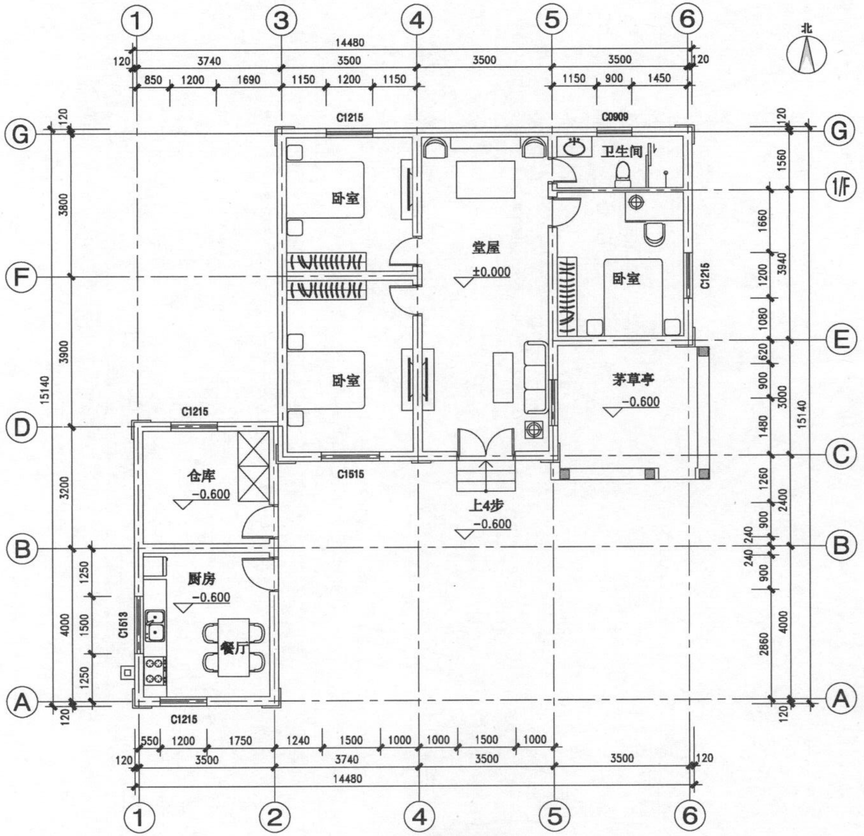


0 2000mm 5000mm

**首层平面图**

**建筑面积**129.16m²

典型农房户型 3 首层平面图

说明：

1. 图中未标明墙体为普通实心水泥砖；
2. 图中未标明砌体厚240mm，未标明门垛为轴线到边240mm；
3. 厨房、厕所，较相应楼面−0.03m；
4. 尺寸单位：m mm。

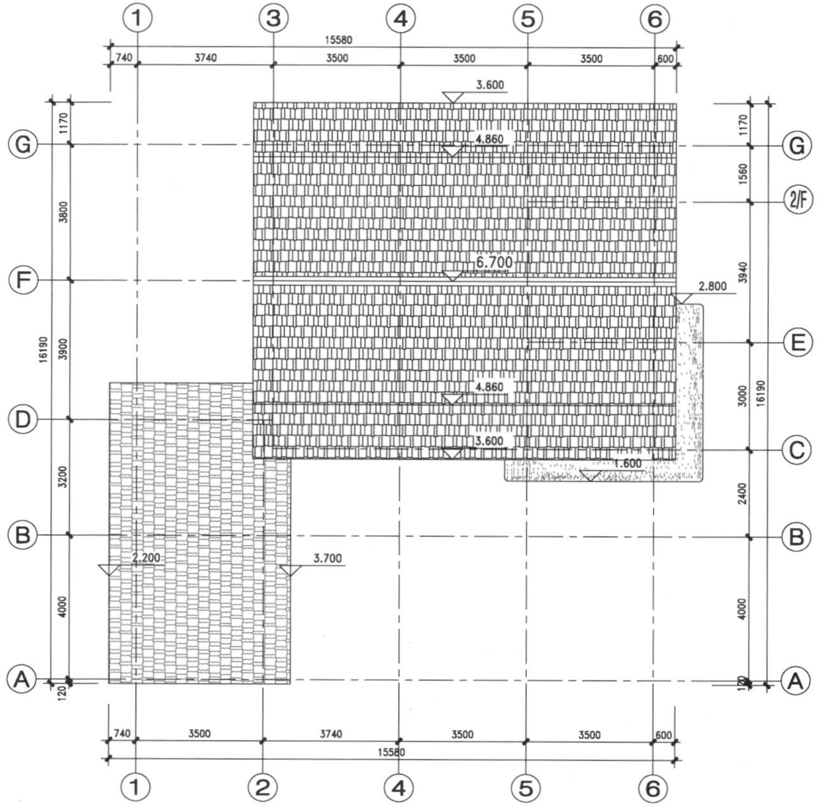


0 2000mm 5000mm

## 屋顶平面图

典型农房户型 3 屋顶平面图

说明：

1. 图中未标明墙体为普通实心水泥砖；
2. 图中未标明砌体厚240mm，未标明门垛为轴线到边240mm；
3. 厨房、厕所，较相应楼面−0.03m；
4. 尺寸单位：m mm。

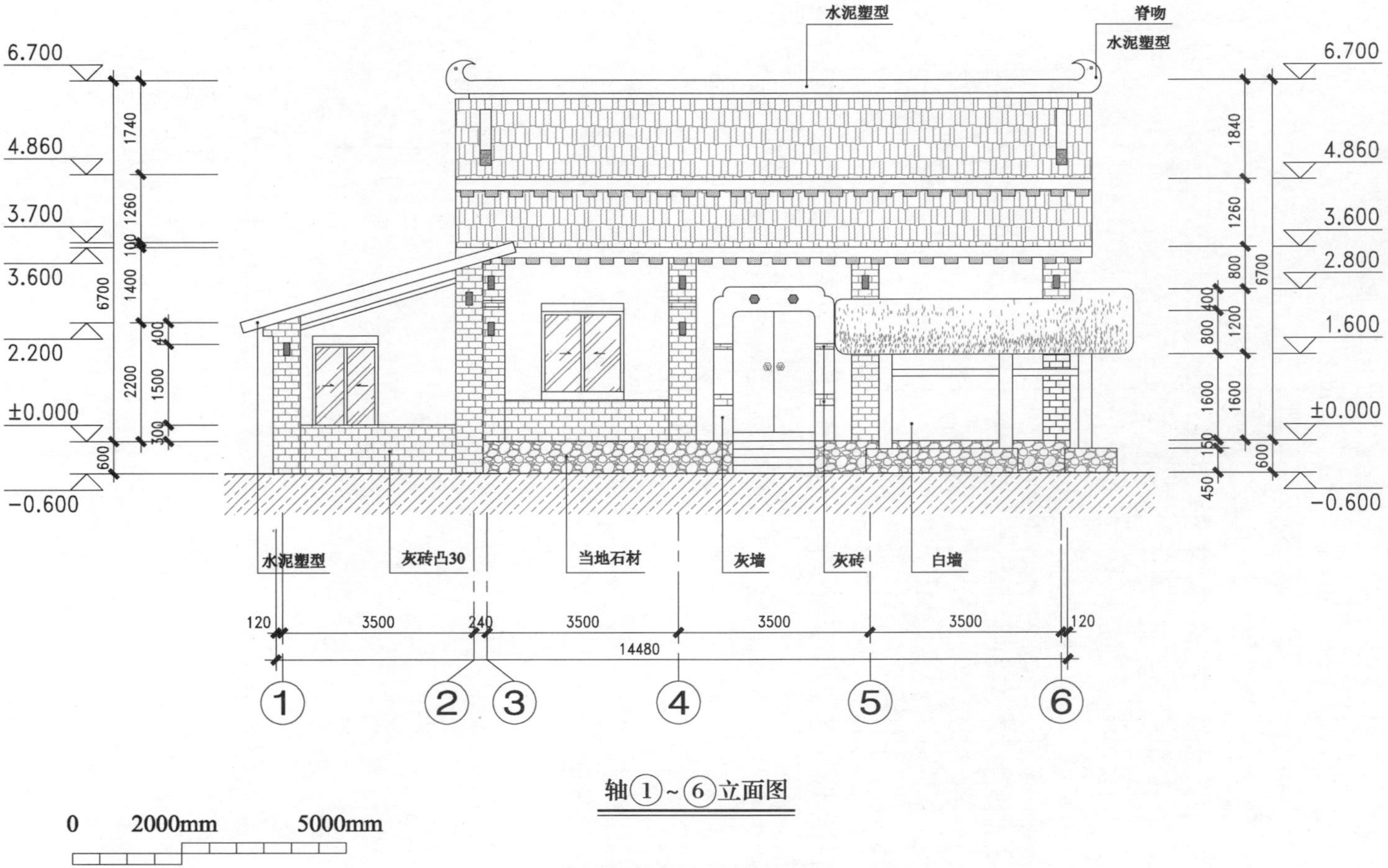


轴①~⑥立面图

典型农房户型 3 轴立面图 1

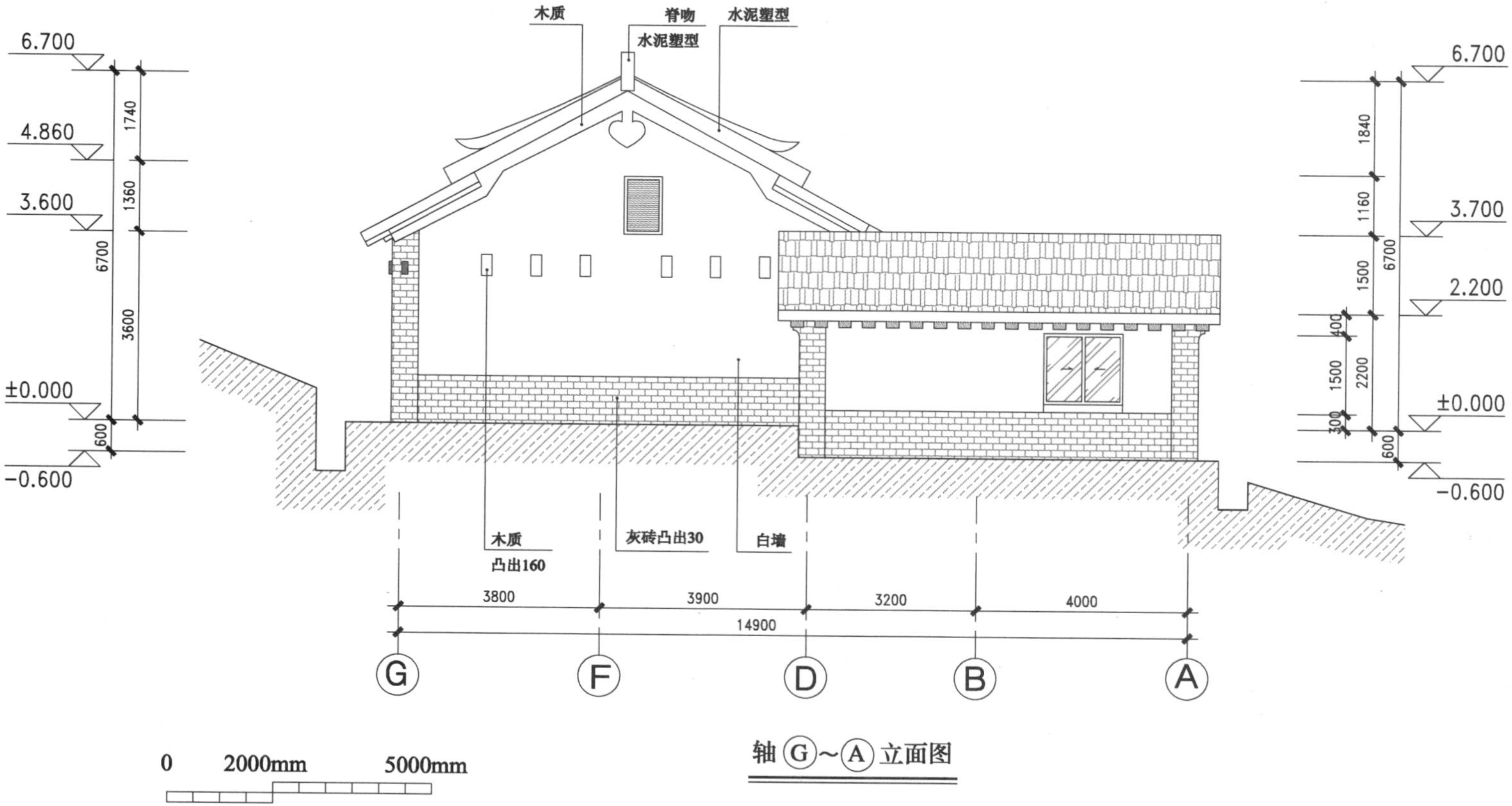


轴Ⓖ~Ⓐ立面图

典型农房户型 3 轴立面图 2

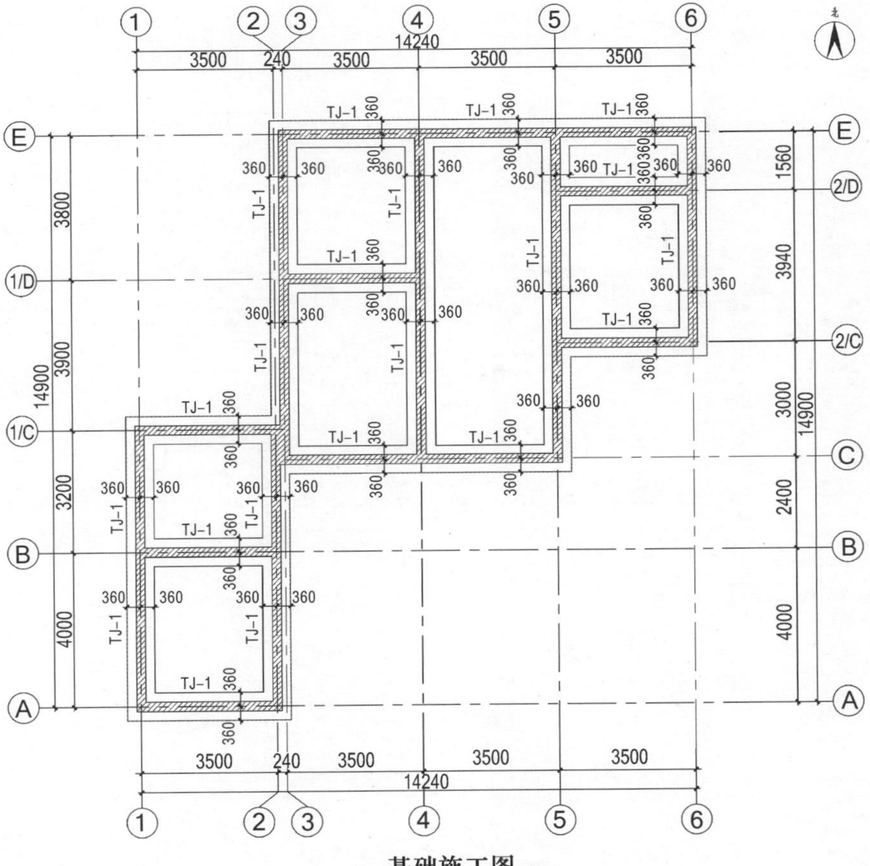


基础施工图 1:100

典型农房户型 3 基础施工图

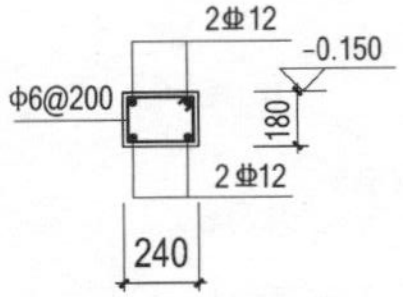


基础圈梁配筋 1:25

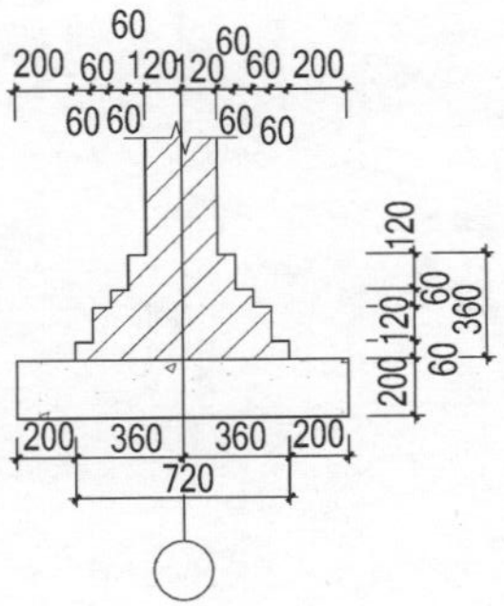


TJ-1 1:25

说明：

1.未标注条形基础均为轴线居中。

2.基础垫层混凝土强度等级为C15。

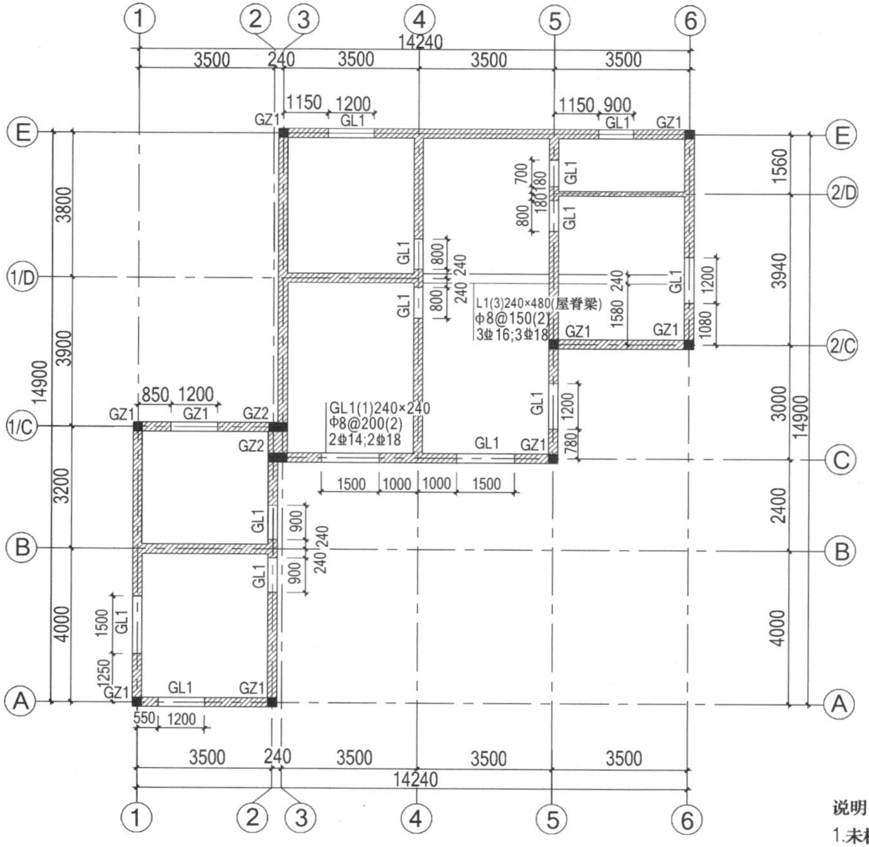


首层墙梁布置图 1:100

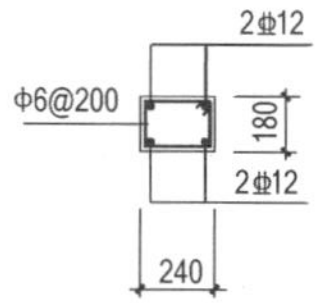


圈梁配筋示意图 1:25

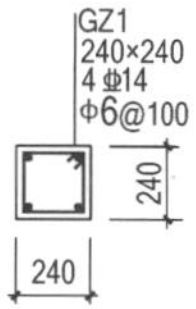


GZ1 1:25

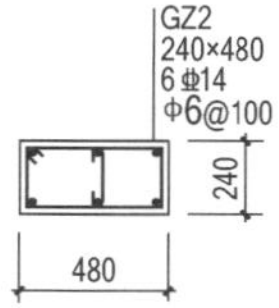


GZ2 1:25

说明：

1.未标注梁、墙、构造柱均为轴线居中，梁、柱混凝土强度等级为C30。

2.未特殊说明楼层标高处均设圈梁，圈梁宽度同墙厚，高度为180mm。

3.圈梁与过梁或梁位置重合时取消圈梁，按过梁或梁施工。

典型农房户型 3 首层墙梁布置图

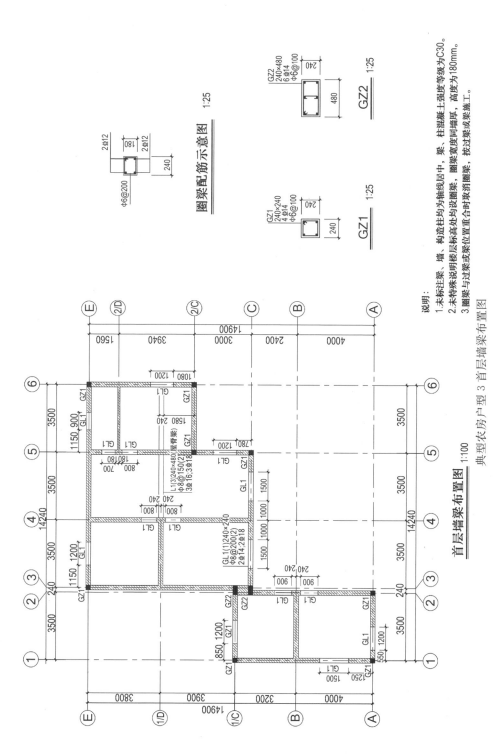

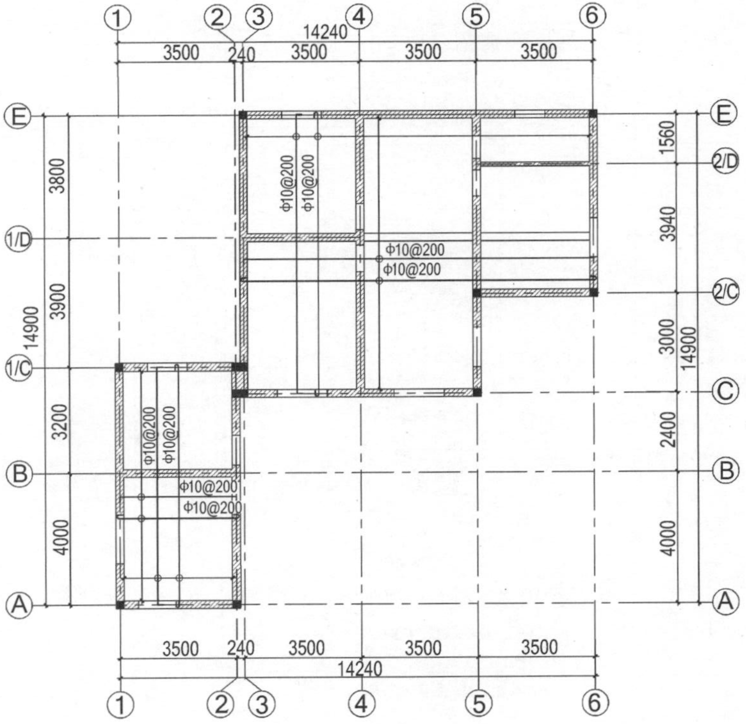


**坡屋顶配筋平面** 1:100

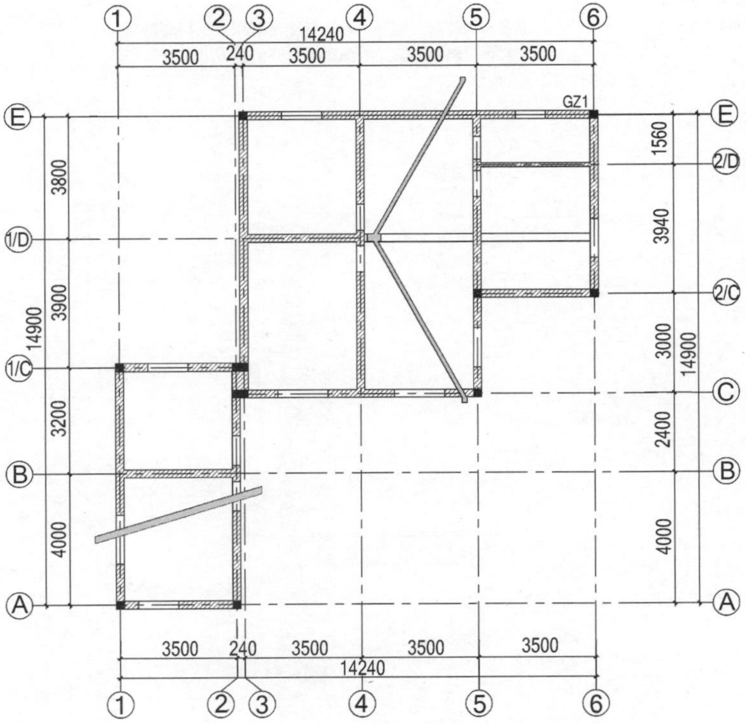


**坡屋顶示意图** 1:100

说明：

1.未标注板厚为120mm。

2.楼板混凝土强度等级为C30。

典型农房户型 3 坡屋顶配筋平面图、示意图

## 四、典型农房户型 4

典型农房户型 4 效果图 1

典型农房户型 4 效果图 2

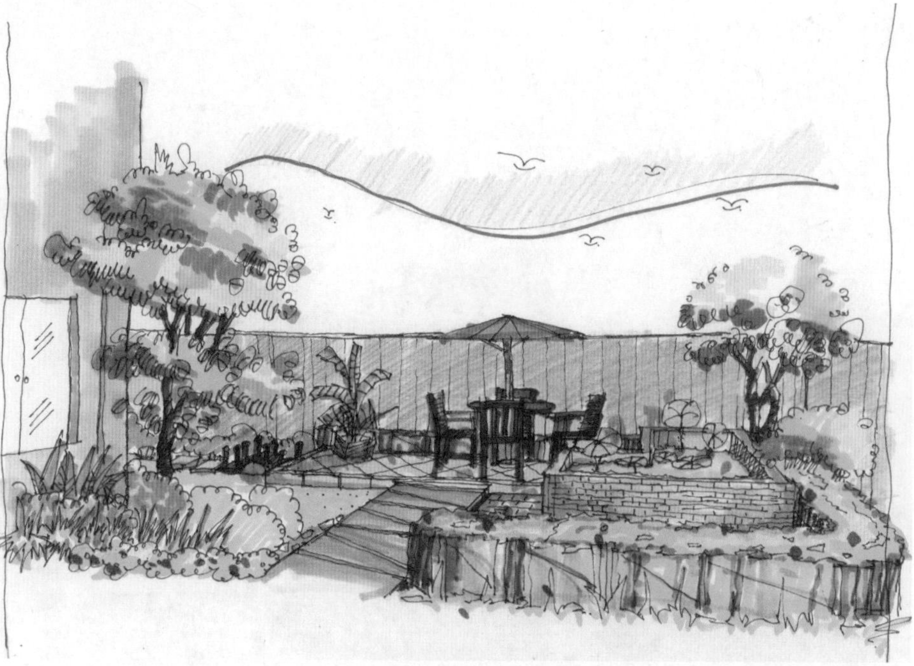

典型农房户型 4 院落效果图

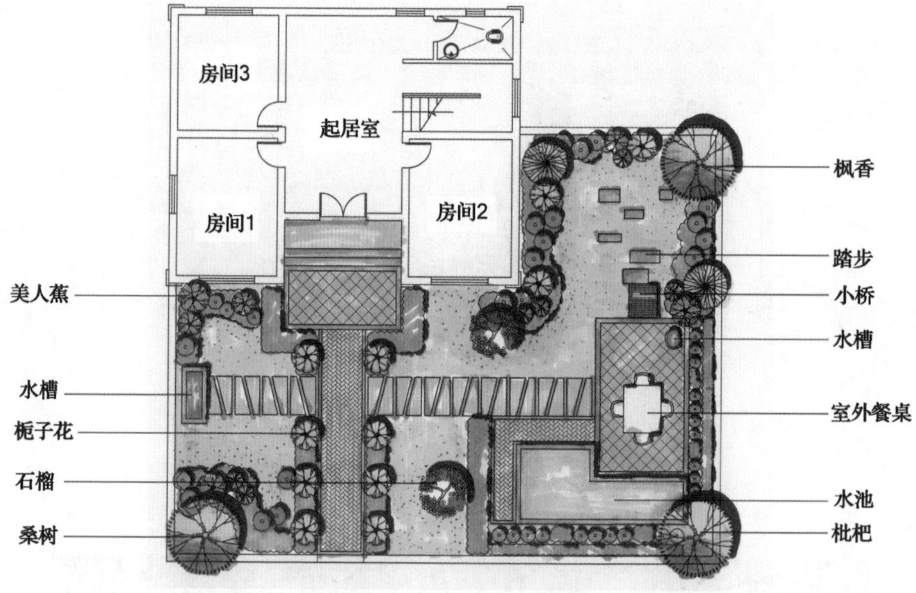


典型农房户型 4 院落平面图

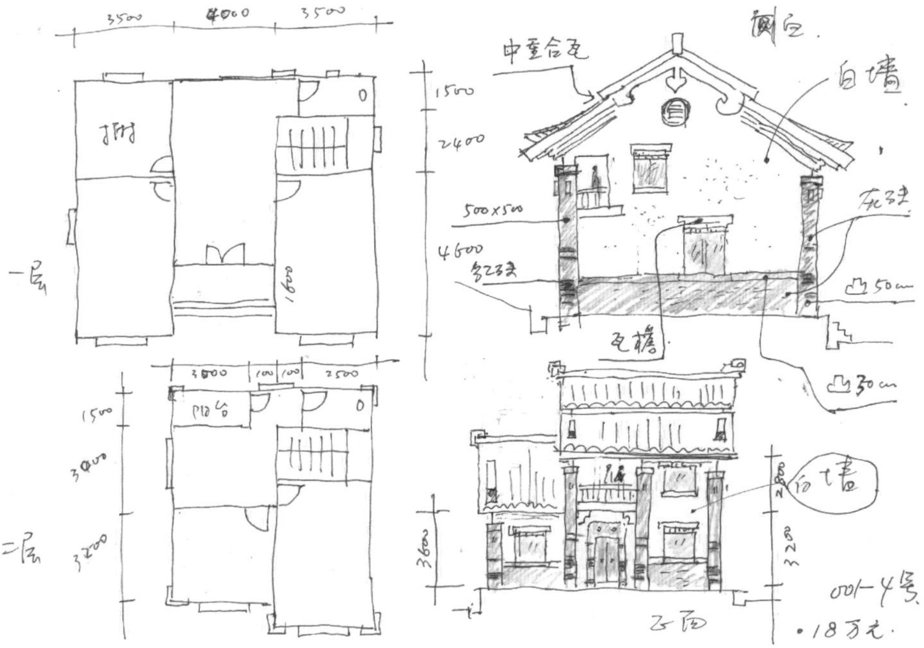


典型农房户型 4 手绘图

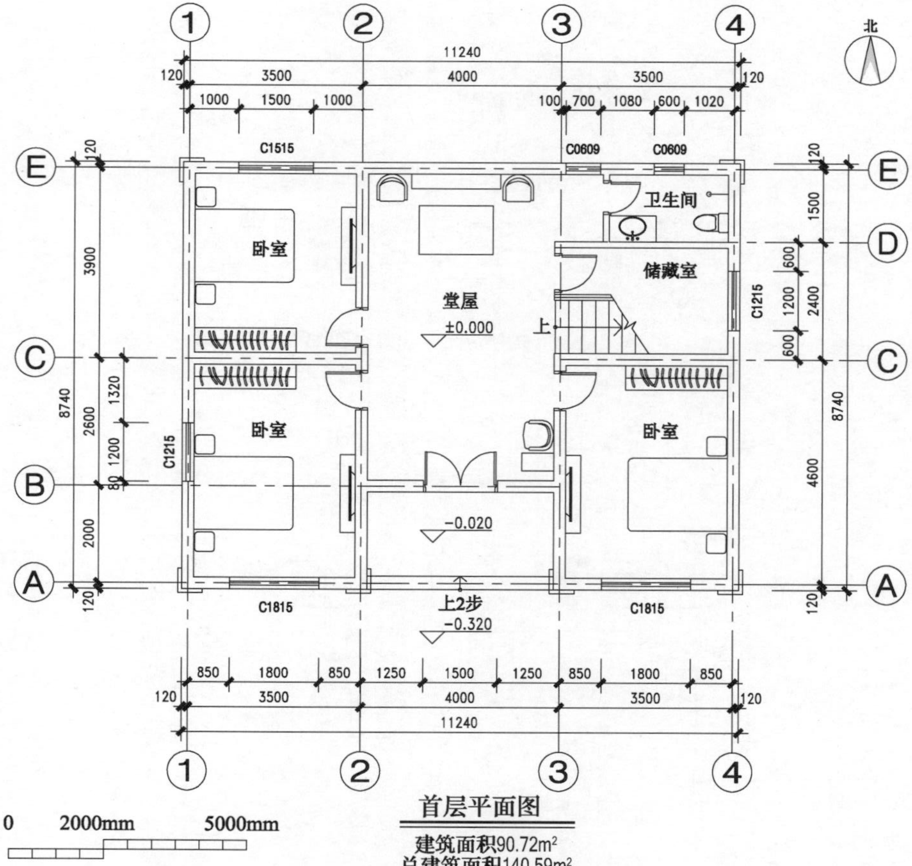


首层平面图

建筑面积90.72m²

总建筑面积140.59m²

典型农房户型 4 首层平面图

说明：

1. 图中未标明墙体为普通实心水泥砖；
2. 图中未标明砌体厚240mm，未标明门垛为轴线到边240mm；
3. 厨房、厕所，较相应楼面-0.03m；
4. 尺寸单位：m mm。

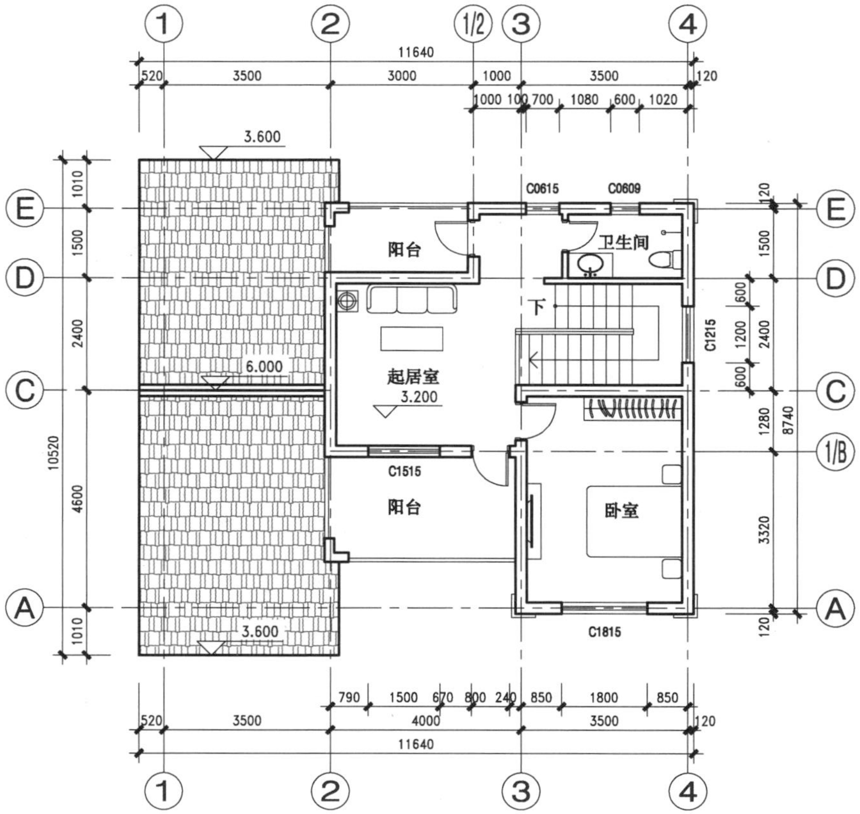


二层平面图

建筑面积49.87m²

0 2000mm 5000mm

典型农房户型 4 二层平面图

说明：

1. 图中未标明墙体为普通实心水泥砖；
2. 图中未标明砌体厚240mm，未标明门垛为轴线到边240mm；
3. 厨房、厕所，较相应楼面-0.03m；
4. 尺寸单位：m mm 。

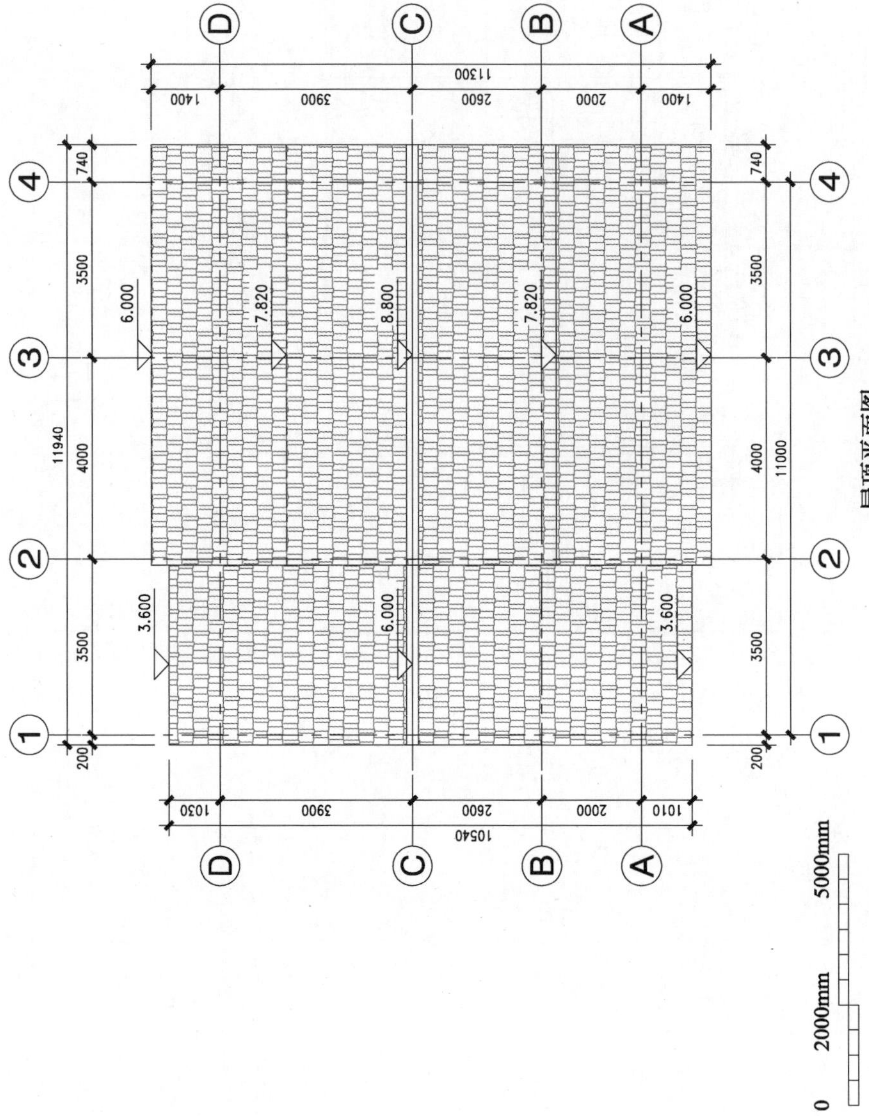


屋顶平面图

典型农房户型 4 屋顶平面图

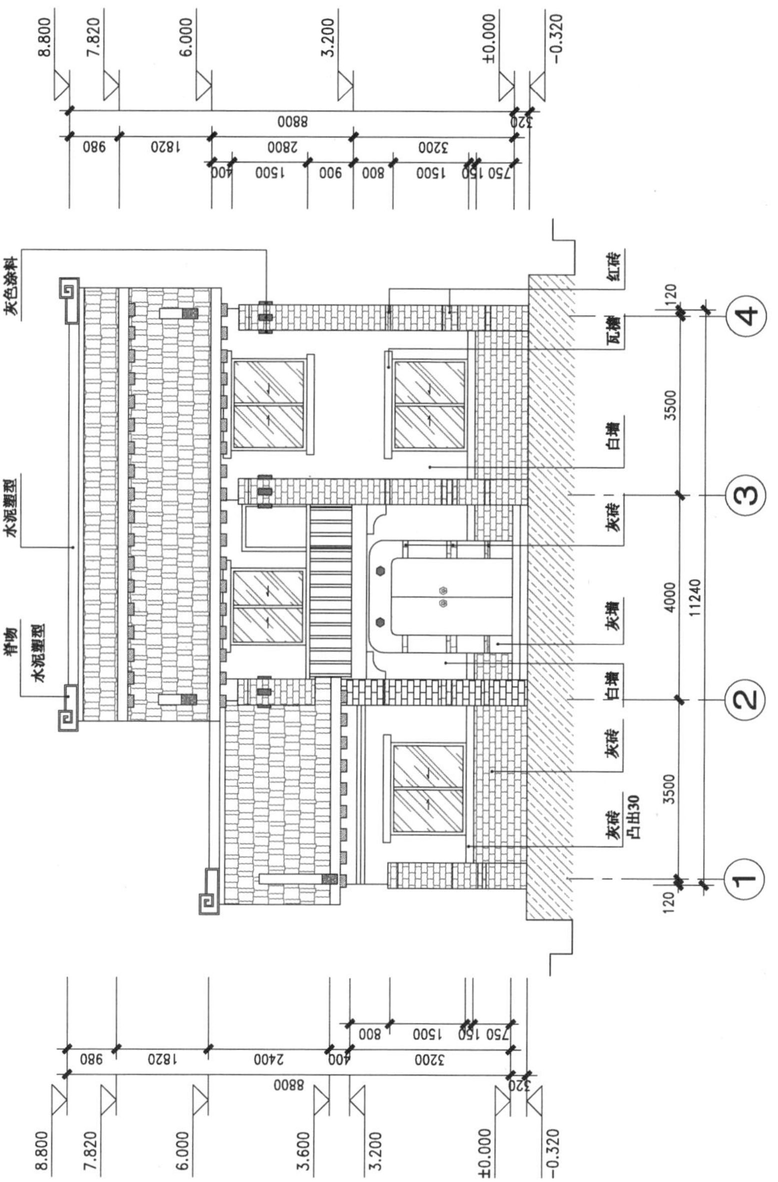


轴①~④立面图

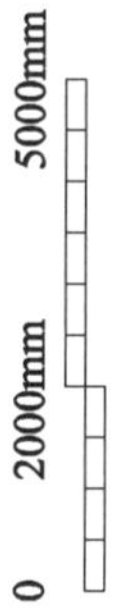


典型农房户型 4 轴立面图 1

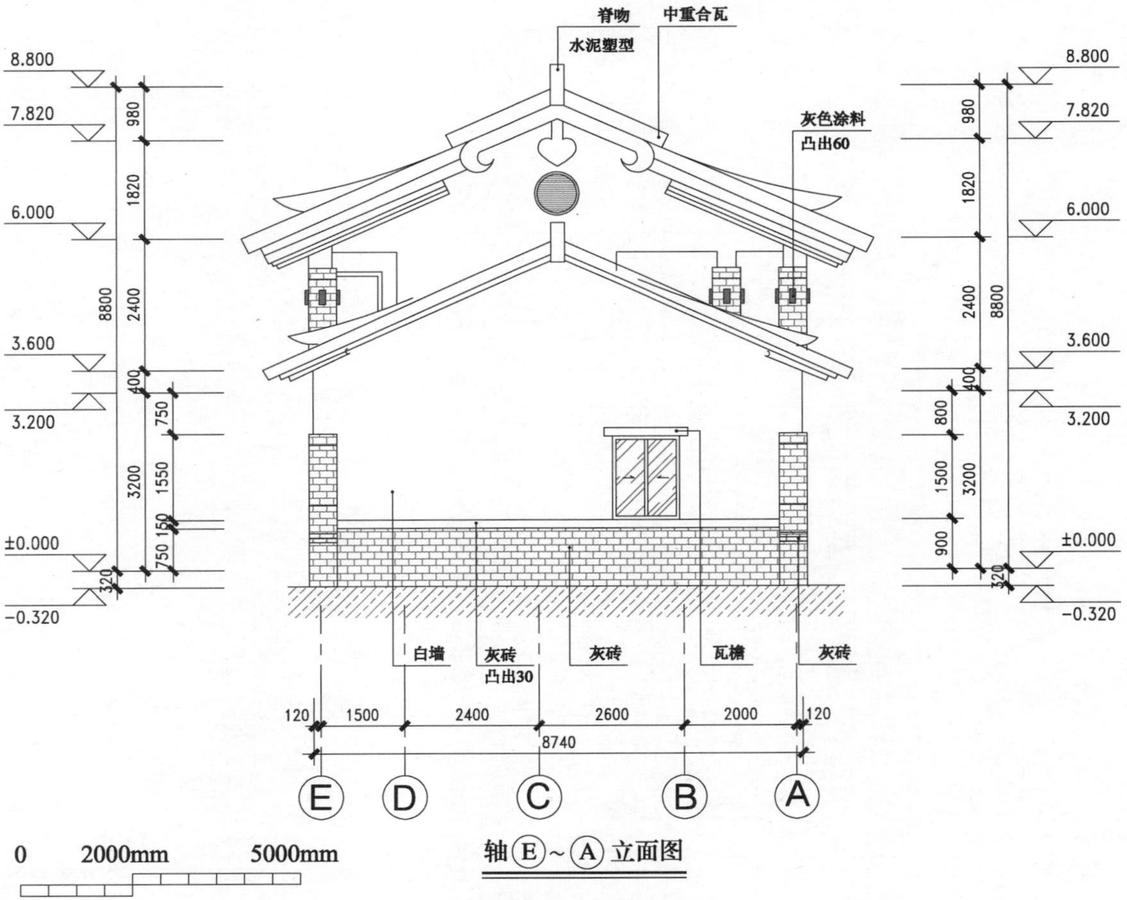


轴E~A立面图

典型农房户型 4 轴立面图 2

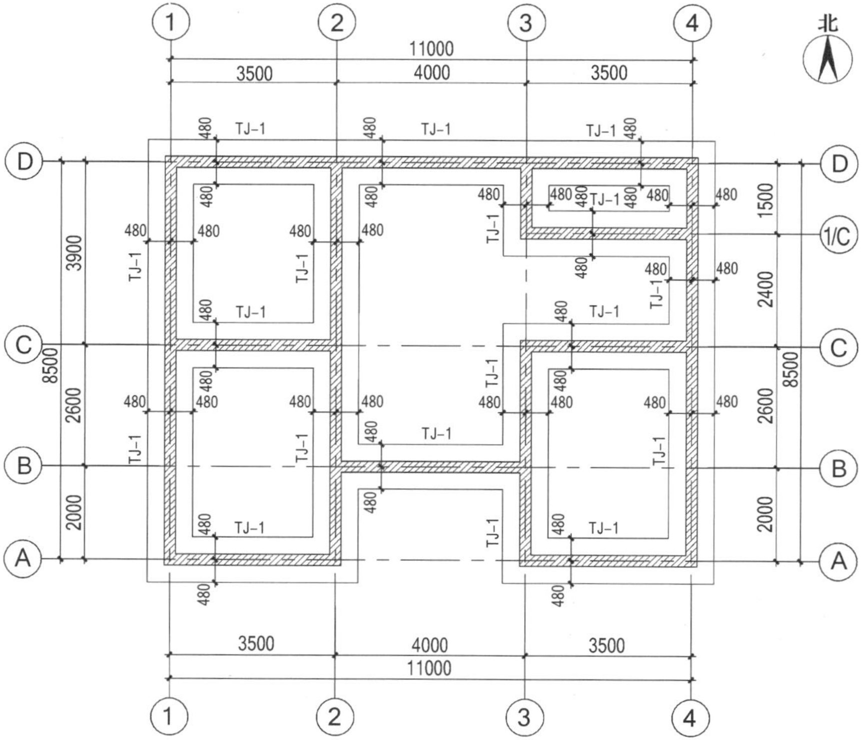

**基础施工图** 1:100

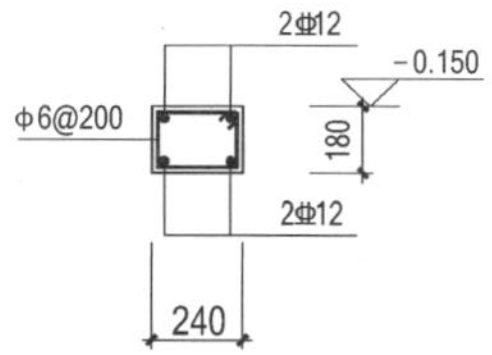

**基础圈梁配筋** 1:25

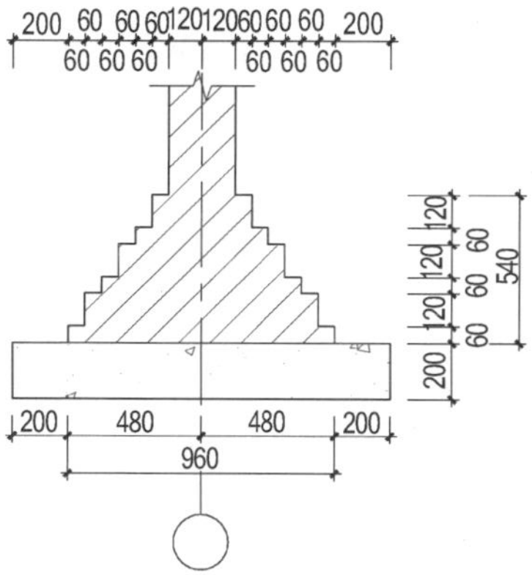

TJ-1 1:25

说明：

1.未标注条形基础均为轴线居中。

2.基础垫层混凝土强度等级为C15。

典型农房户型 4 基础施工图

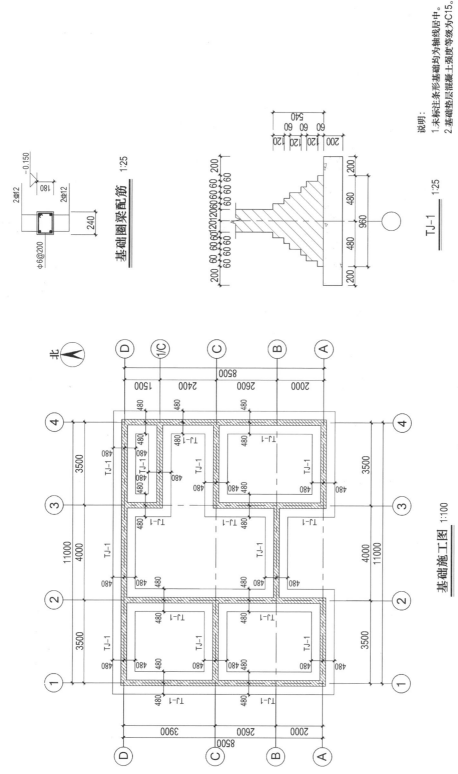

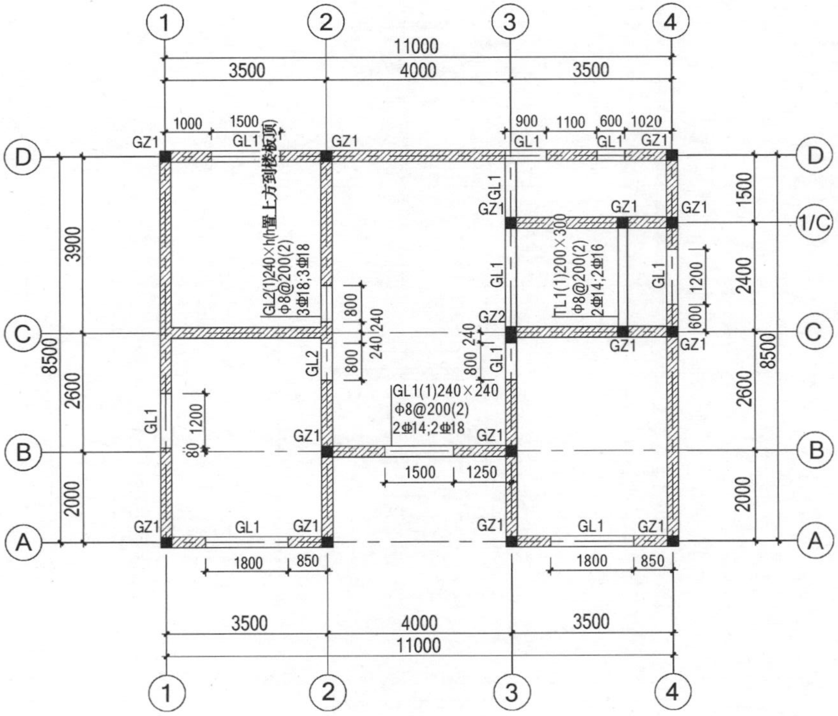


## 首层墙梁布置图 1:100

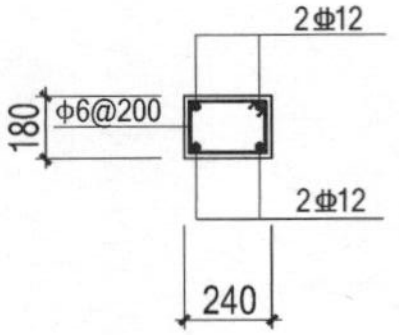


## 圈梁配筋示意图 1:25

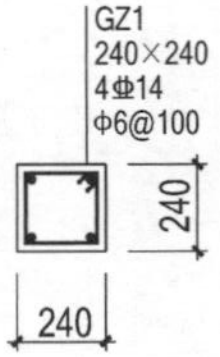


## GZ1 1:25

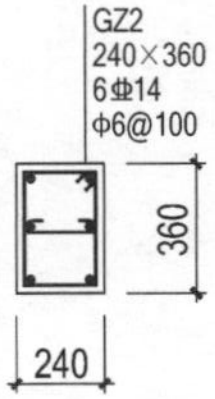


## GZ2 1:25

说明：

1.未标注梁、墙、构造柱均为轴线居中，梁、柱混凝土强度等级为C30。

2.未特殊说明楼层标高处均设圈梁，圈梁宽度同墙厚，高度为180mm。

3.圈梁与过梁或梁位置重合时取消圈梁，按过梁或梁施工。

典型农房户型 4 首层墙梁布置图

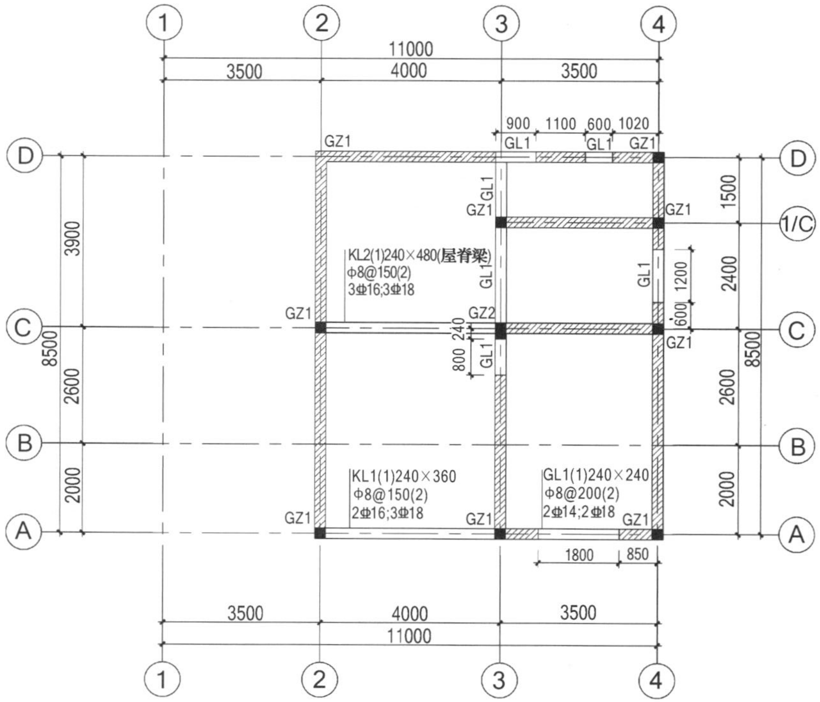


二层墙梁布置图 1:100

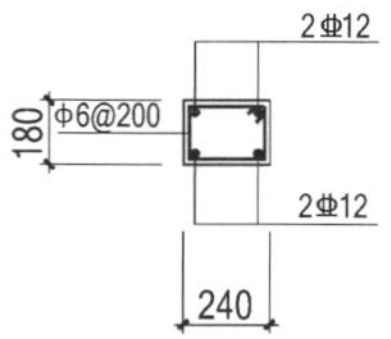


圈梁配筋示意图 1:25

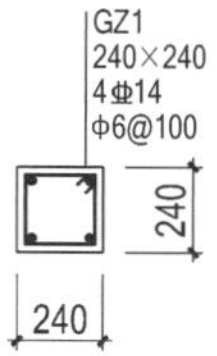


GZ1 1:25

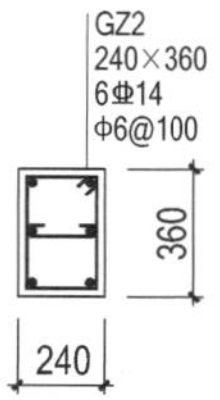


GZ2 1:25

说明：

1.未标注梁、墙、构造柱均为轴线居中，梁、柱混凝土强度等级为C30。

2.未特殊说明楼层标高处均设圈梁，圈梁宽度同墙厚，高度为180mm。

3.圈梁与过梁或梁位置重合时取消圈梁，按过梁或梁施工。

典型农房户型 4 二层墙梁布置图

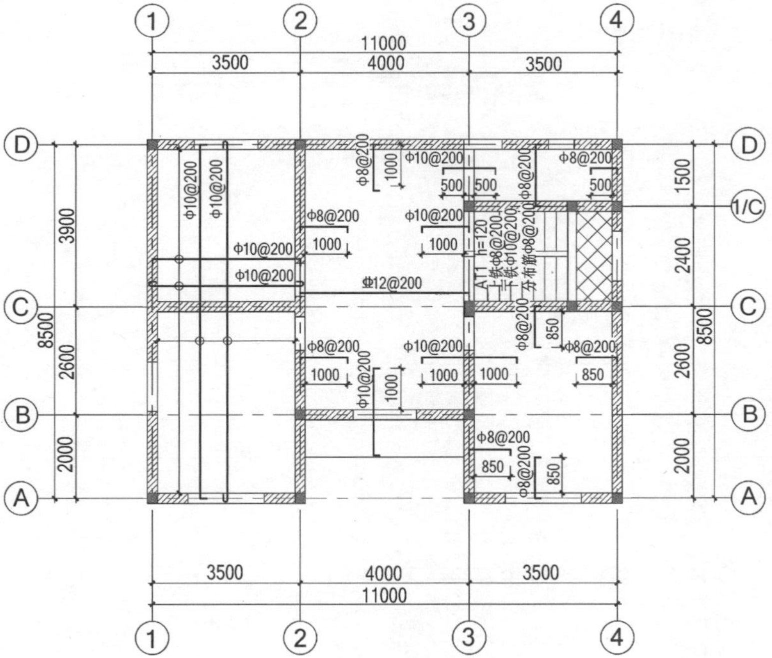


## 首层顶板配筋平面 1:100

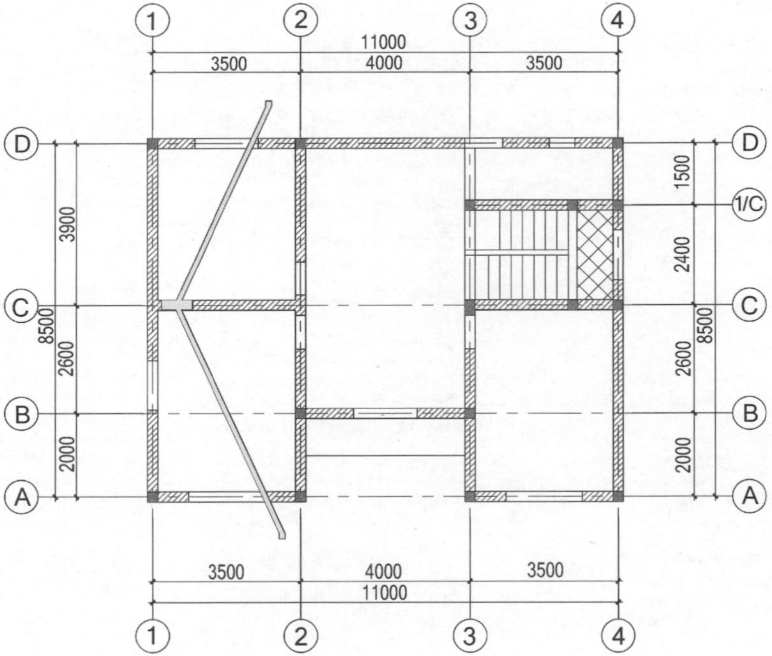


## 坡屋顶示意图 1:100

说明：
1.未标注板厚为120mm。
2.楼板混凝土强度等级为C30。
3.楼板未注明的下铁钢筋为Φ10@200。
▨区域的楼板钢筋为Φ8@200，双层双向。

典型农房户型 4 首层顶板配筋图、坡屋顶示意图

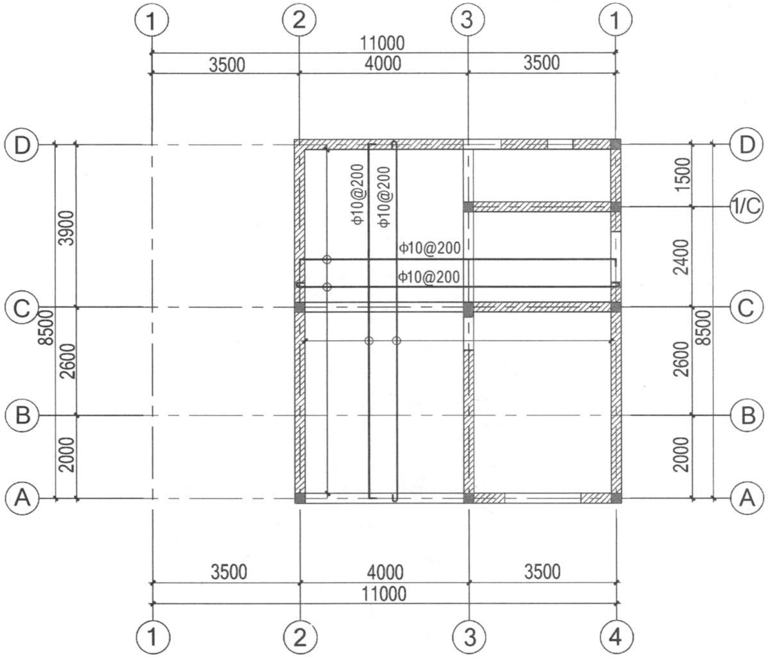


坡屋顶配筋平面 1:100

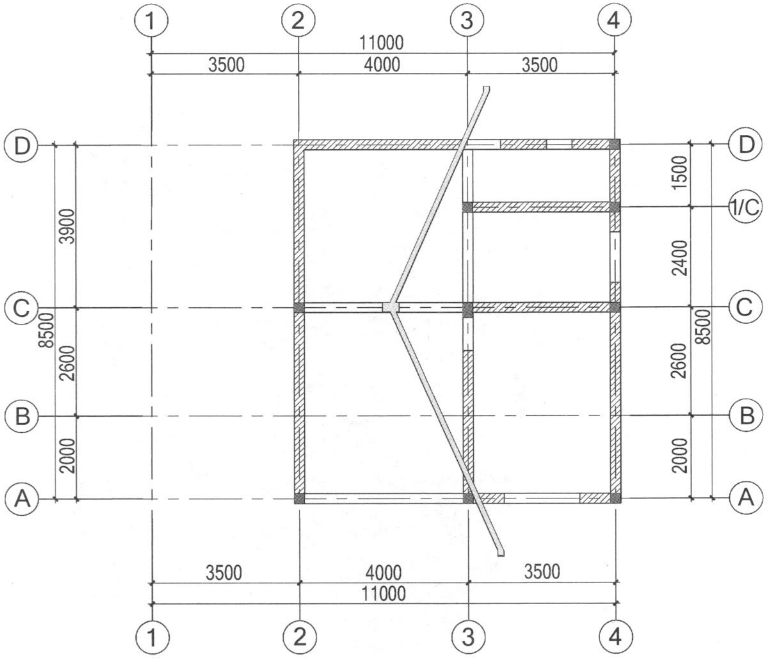


坡屋顶示意图 1:100

说明:

1.未标注板厚为120mm。

2.楼板混凝土强度等级为C30。

典型农房户型 4 坡屋顶配筋图、示意图

# 五、典型农房户型 5

典型农房户型 5 效果图 1

典型农房户型 5 效果图 2

典型农房户型 5 院落效果图

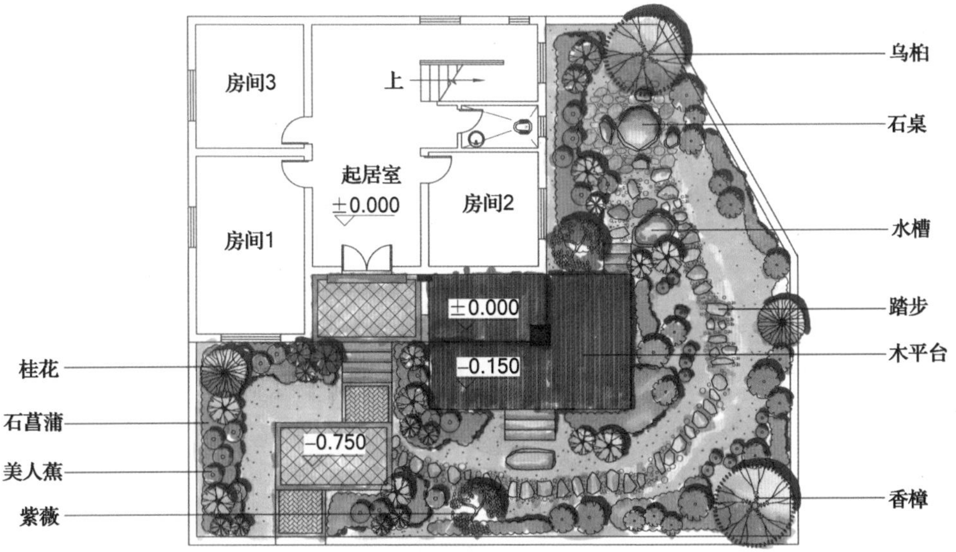


典型农房户型 5 院落平面图

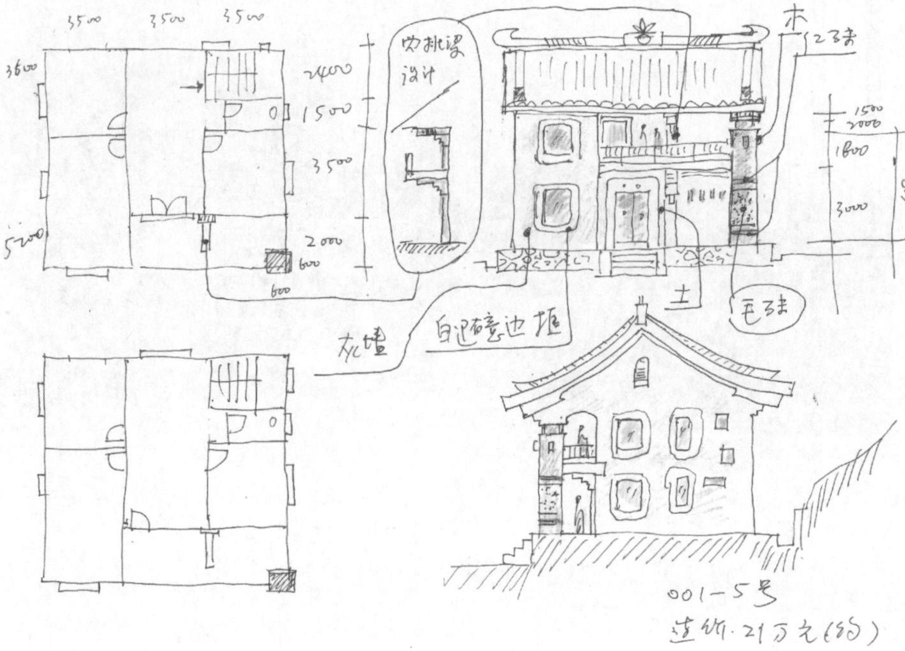
3500
3500
3500
2400
1500
3500
2000
600
001-5号

典型农房户型 5 手绘图

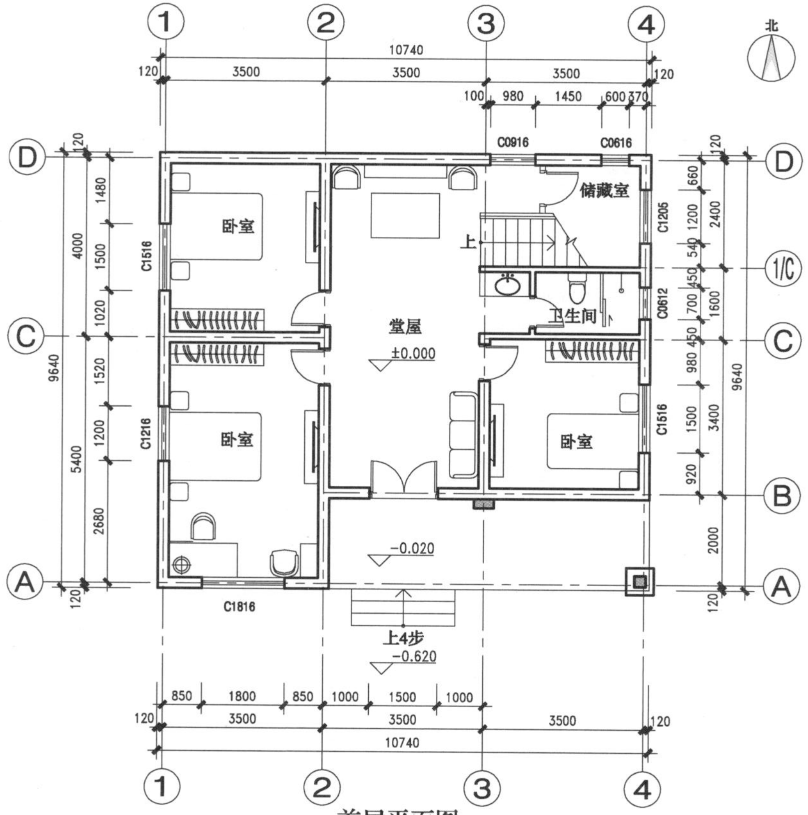


0 2000mm 5000mm

## 首层平面图

**建筑面积**89.43m²

**总建筑面积**178.86m²

典型农房户型 5 首层平面图

说明：

1. 图中未标明墙体为普通实心水泥砖；
2. 图中未标明砌体厚240mm，未标明门垛为轴线到边240mm；
3. 厨房、厕所，较相应楼面–0.03m；
4. 尺寸单位：m，mm。

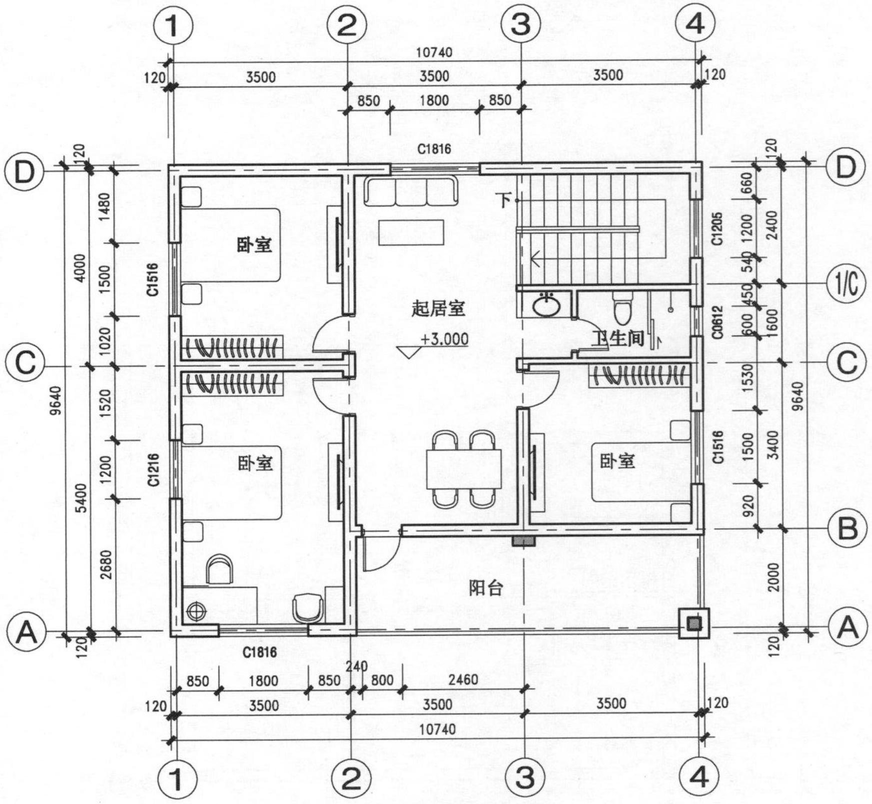


说明：

1. 图中未标明墙体为普通实心水泥砖；
2. 图中未标明砌体厚240mm，未标明门垛为轴线到边240mm；
3. 厨房、厕所，较相应楼面−0.03m；
4. 尺寸单位：m，mm。

0　2000mm　5000mm

**二层平面图**

**建筑面积**89.43m²

典型农房户型 5 二层平面图

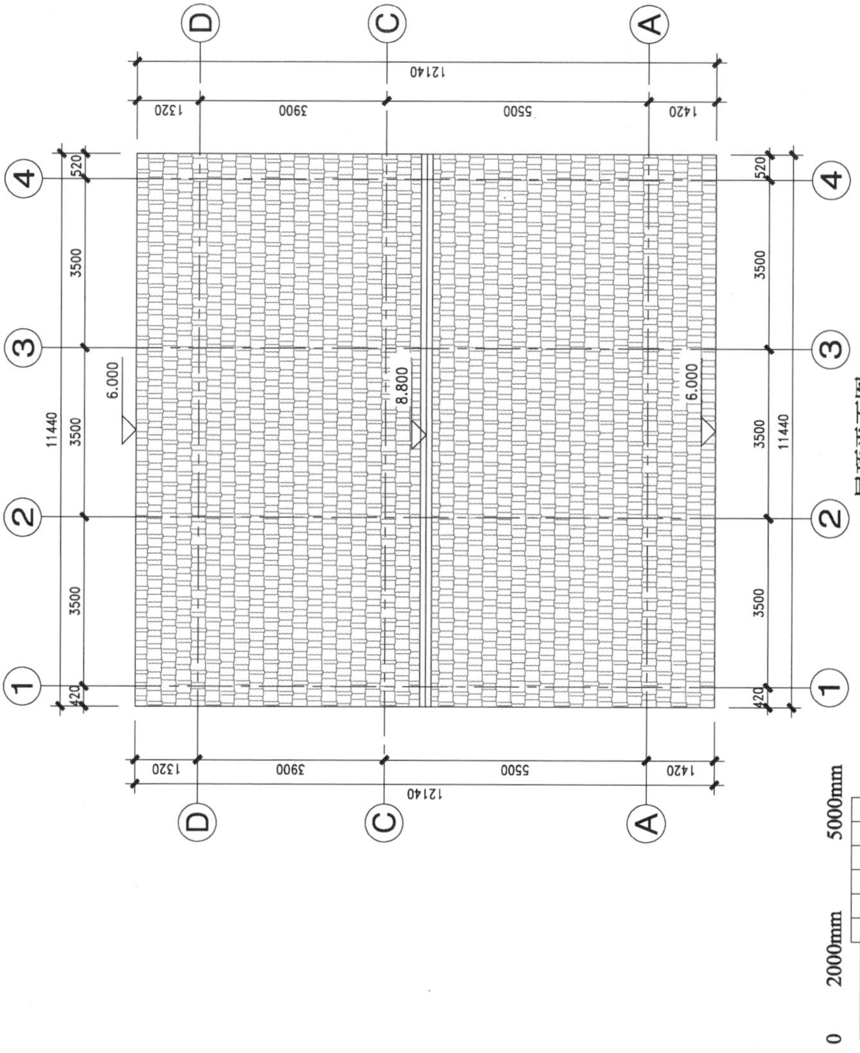


屋顶平面图

典型农房户型 5 屋顶平面图

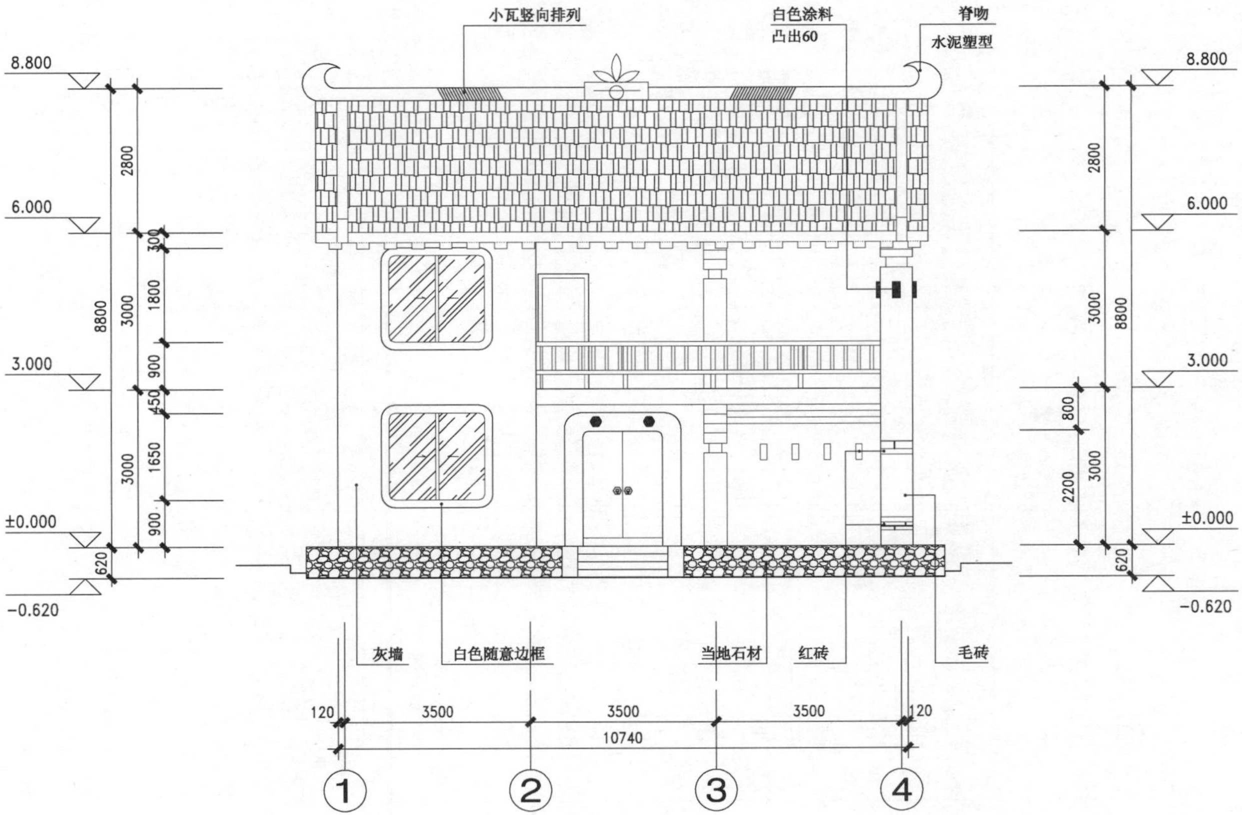


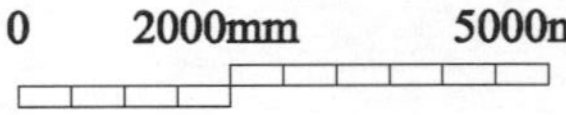


轴①～④立面图

典型农房户型 5 轴立面图 1

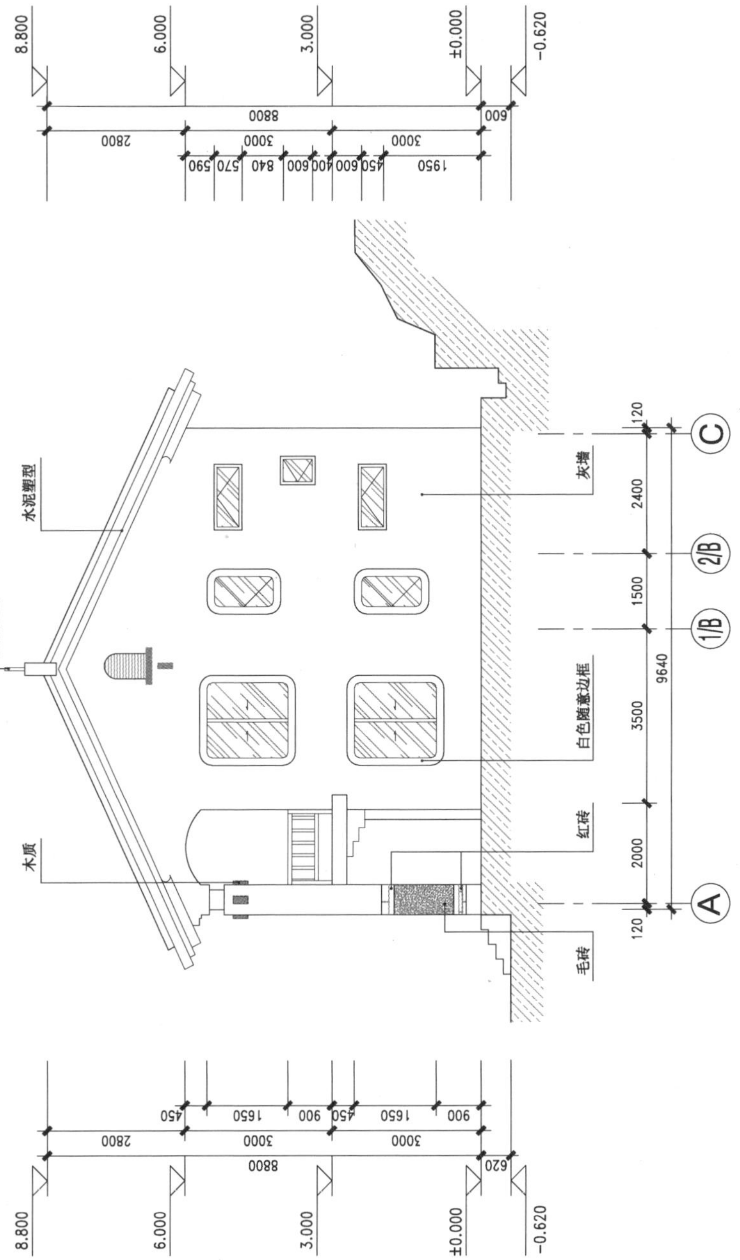


**轴Ⓐ～Ⓒ立面图**

典型农房户型 5 轴立面图 2

0 2000mm 5000mm

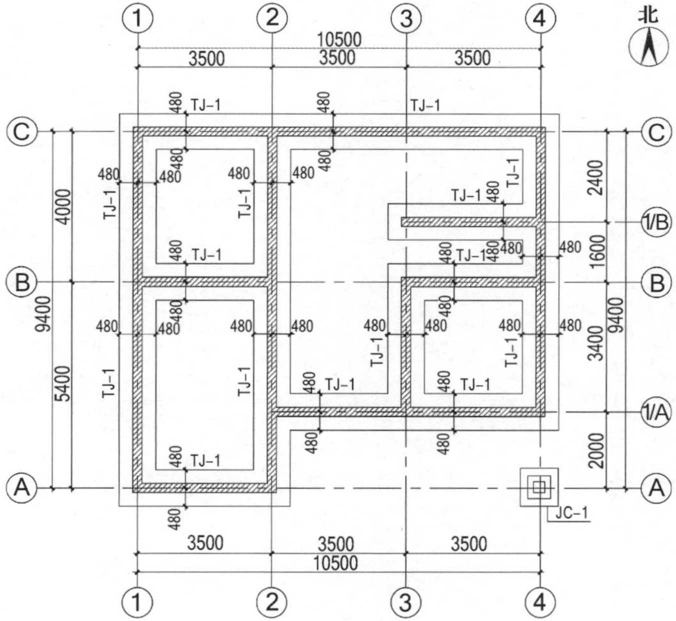


基础施工图 1:100

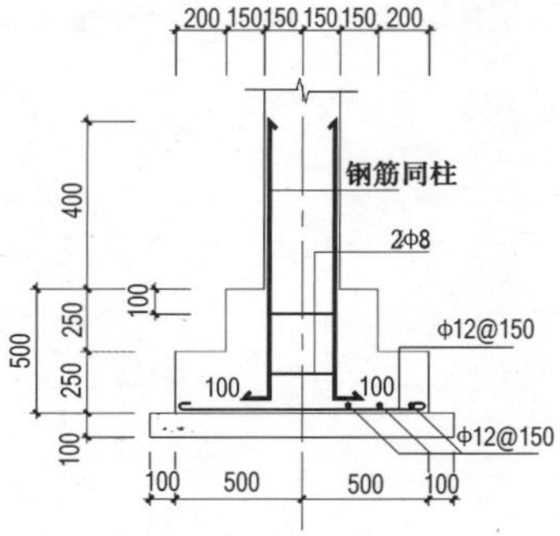


1-1 1:25

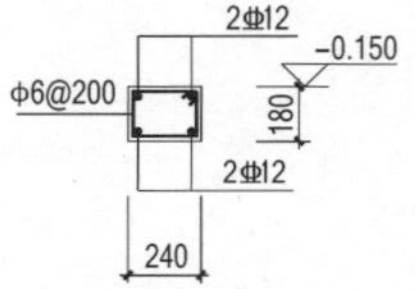


基础圈梁配筋 1:25

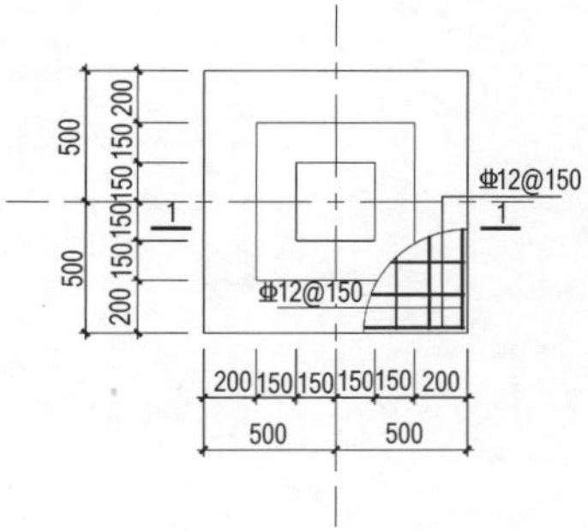


JC-1 1:25

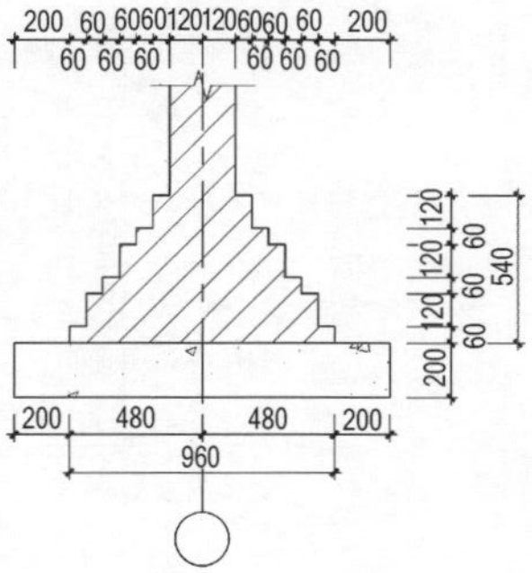


TJ-1 1:25

说明：

1.未标注条形基础均为轴线居中。

2.基础混凝土强度等级为C30，垫层混凝土强度等级为C15。

典型农房户型 5 基础施工图

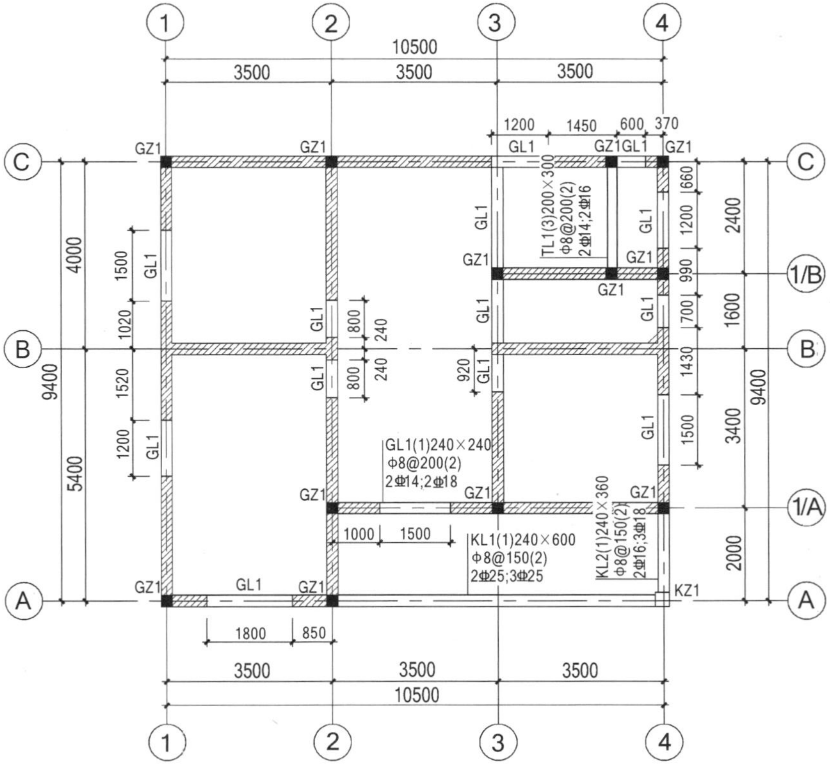


# 首层墙梁布置图 1:100

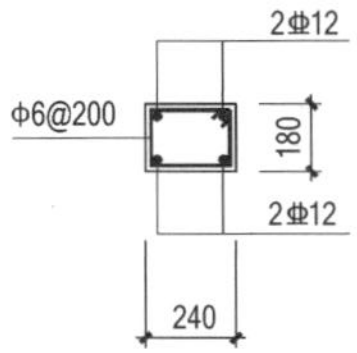


## 圈梁配筋示意图 1:25

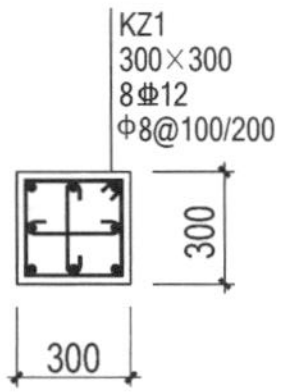


## KZ1 1:25

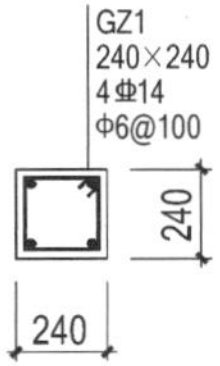


## GZ1 1:25

说明：

1.未标注梁、墙、构造柱均为轴线居中，梁、柱混凝土强度等级为C30。

2.未特殊说明楼层标高处均设圈梁，圈梁宽度同墙厚，高度为180mm。

3.圈梁与过梁或梁位置重合时取消圈梁，按过梁或梁施工。

典型农房户型 5 首层墙梁布置图

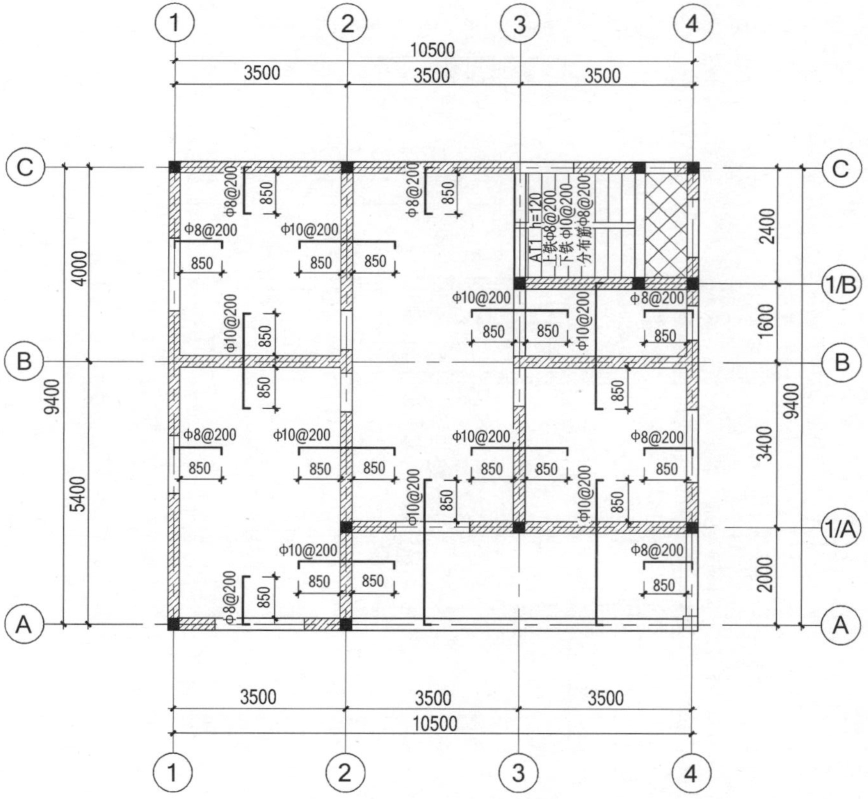


## 首层顶板配筋平图 1:100

说明：
1.未标注板厚为120mm。
2.楼板混凝土强度等级为C30。
3.楼板未注明的下铁钢筋为φ10@200。
区域的楼板钢筋为φ8@200，双层双向。

典型农房户型 5 首层顶板配筋平面图

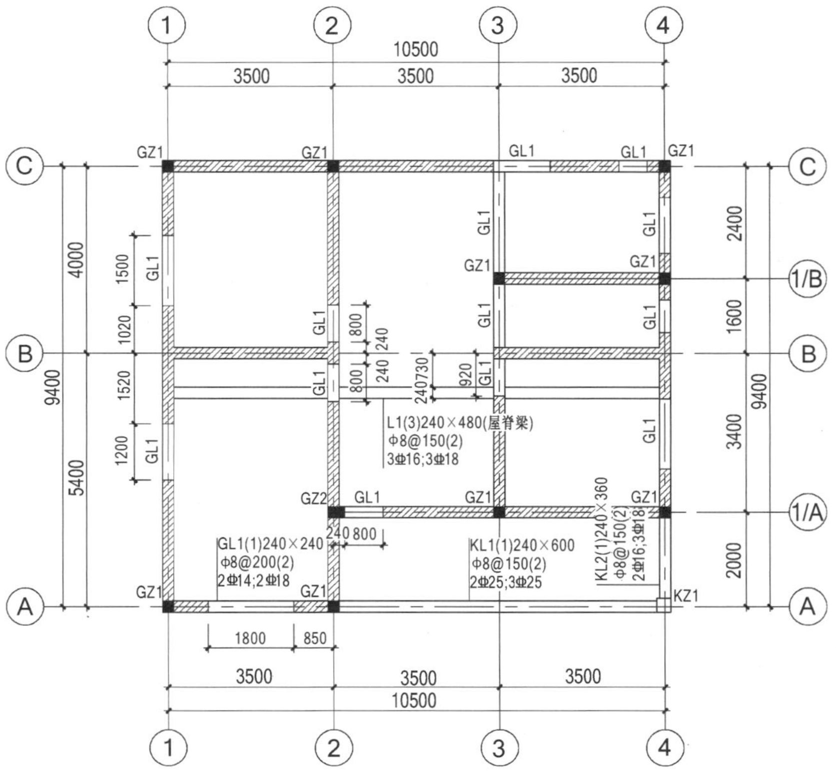


二层墙梁布置图 1:100

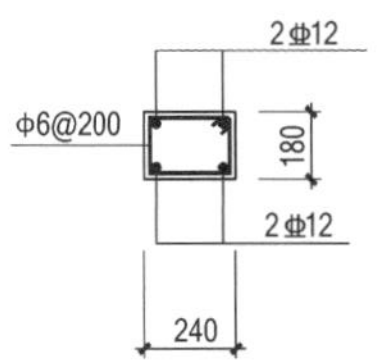


圈梁配筋示意图 1:25

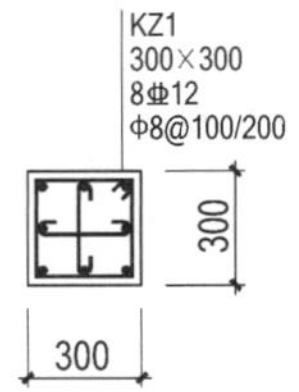


KZ1 1:25

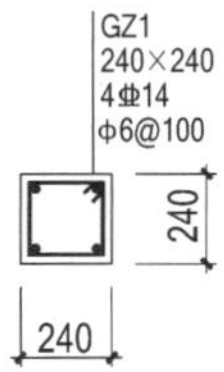


GZ1 1:25

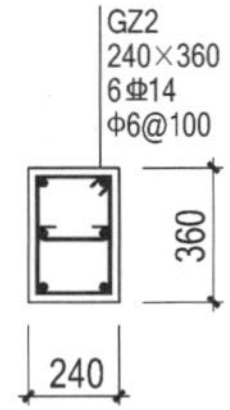


GZ2 1:25

说明：

1.未标注梁、墙、构造柱均为轴线居中，梁、柱混凝土强度等级为C30。

2.未特殊说明楼层标高处均设圈梁，圈梁宽度同墙厚，高度为180mm。

3.圈梁与过梁或梁位置重合时取消圈梁，按过梁或梁施工。

典型农房户型 5 二层墙梁布置图

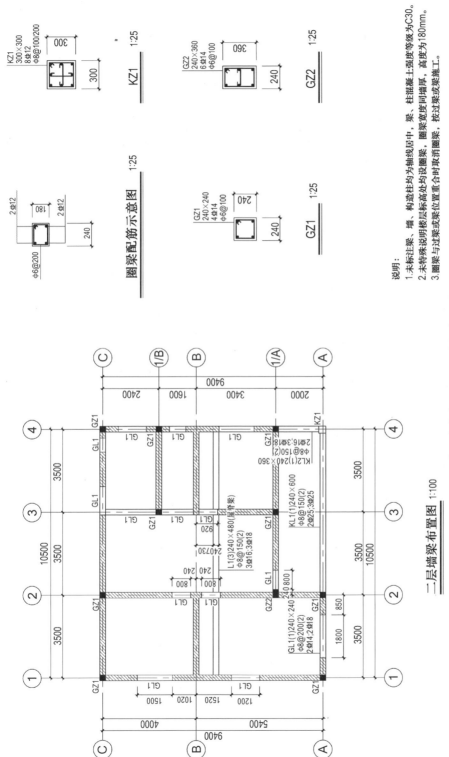

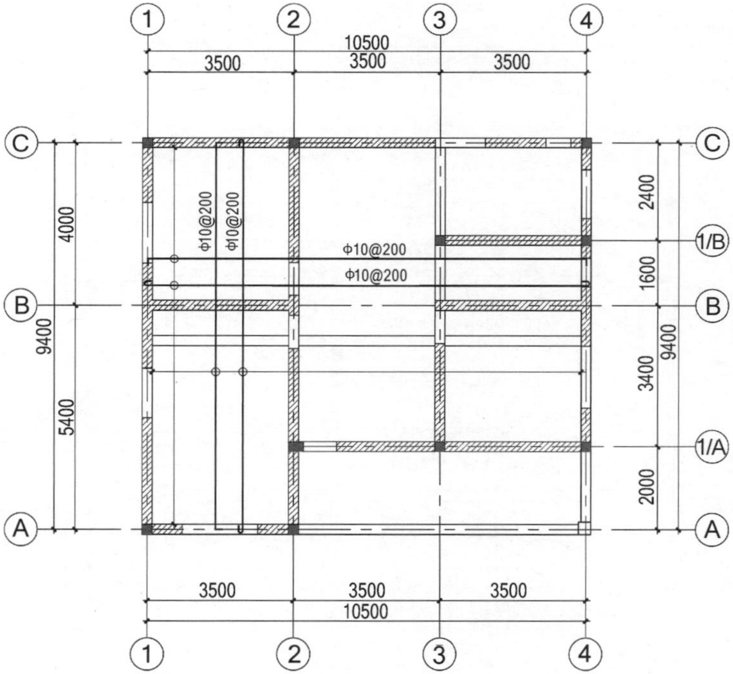


坡屋顶配筋平面 1:100

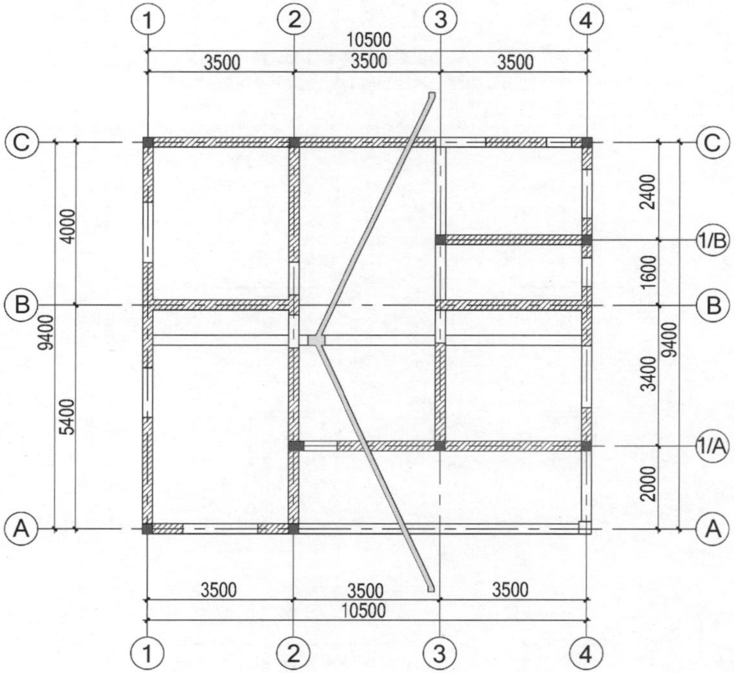


坡屋顶示意图 1:100

说明：

1.未标注板厚为120mm。
2.楼板混凝土强度等级为C30。

典型农房户型 5 坡屋顶配筋平面图、示意图

# 水没坪村手记

# 再度水没坪，协力筑经典

孙 君

第二次来水没坪村，跟初次相隔已有四年。原来客店镇党委宋书记已经调到胡集镇（扩权市）当领导。人走了情留下，他依然把我生拉到客店镇水没坪村，这就是文化的缘故，是文化人的情结，也是读书人的纠结吧。

再次来这里，不再是我一个人，而是又有了新的朋友，客店镇美女书记郭庆，镇长陈忠，省发改委副主任、鄂西圈办副主任、新体诗人徐新桥，钟祥市副市长潘选青，荆门纪委张兰（芜湖老乡）等一大群人。

徐新桥在宋书记的推荐下，我们有了神交，同是文化人，一见会如故。

在 2009 年时，我就知道鄂西文化旅游圈的重大战略。此项目影响大，目标是资源贫乏地区，是解决他们的发展之路，是湖北省政府的行为，是民生工程。

徐新桥是此项目的制定人、策划者、推动者，故此人不简单，是有思想有方法更知道为官为人价值之人，能够成为朋友，甚幸。

鄂西圈的大框架中，电、水、路、政策均已经完善，目前邀请我们做一两个有示范价值的项目，用他们自己的话说，鄂西圈进入了深水区，这也是此项目提气与扬眉之际。

2012 年，遇到像徐新桥这样理性的文化人，这正是我时下需要的专家与合作人，复制与推广就有希望了。徐新桥很同意我说的：掀起一次乡村文化复兴运动。

2003 年，我带领绿十字从湖北五山模式开始起步，近九年一直在湖北省内做项目，习惯湖北，湖北人也熟悉我们，故湖北可能会成为我们的乡村建设大本营。

复制与推广，一直是面临的问题，只是我们在等待机遇，并且目标非常明确，项目加培训，典型加推广。2010 年在湖北问安镇做有准备的新农村建设就有此意，可惜一年多镇、市两级干部有重大变化，所以项目只七个月就结束了，留下了遗憾。

水没坪村不大，很小，不过历史深远。经典是做小、做好、做出道道来，总结方法，这是经典的意义。

此次项目选择水没坪村，这里有一个久远而古老的传说，一段悲凉与绝代佳人的历史，这里是杨贵妃的家乡，是皇亲国戚的后裔，故身居崇山峻岭之中，人口不足百人，小、美、精、远。

这是一个具有文化历史意义的项目，又是一个僻远与交通不便的地方，还是未受污染的净土，要真的把这个项目做成一个精品，需注意以下几点：

一是市、镇、村三级要统一思想，要知道什么是经典，什么是流行，什么是落后。很多人把落后当国际水平，把流行误以为永恒美丽，这很难判断。

二是把城市的规划、方法、技术不加选择地运用到乡村，这是对乡村建设的破坏。

三是还权于村两委，从根本上解决以农民为主体，乡村自治的问题。这需要市镇两级协调，修复乡村自治运行体系。

四是以小博大，先选择三到四户农民房，租用过来，作为集体用房。房子外形一点不动，全力改修内装，提高舒适度，要做出文化品位。

五是乡村修复（规划），这是培训的核心。在培训中，解放思想，在乡村中掀起乡村文化复兴，找到文明的归属。

六是全力以赴推动资源分类，让文明回到现实的生活之中，这是第一步，也是关键性的一步。

七是修复乡村景观，以最低的价值来体现最本质的美丽。

八是推动乡村互助金融，建立以村为边界的储水池与致富的发动机，确保一种以金融、市场与诚信三者之间的正常机制并完善乡村核心文化的孝道。

以案例为例，对成功、失败的经验教训做详细的介绍。这种培训有专家、有官员、有村干部，让学员能在实践与理论中找到每一个村的项目可行性。建立政府与村委会自己的项目与运作的队伍，让他们找到自己的价值与未来之路。

这些内容要在这个小小的村庄落地和实践，最好能在襄阳市镇、漫云村同时开展。这个项目有胡晓昕、绕警官与韩国规划设计师，这会让我省很多时间，并显出另一种乡村建设的多样性。

这两个点同时做，文字记录的变化是最重要的资料，这是为鄂西圈更大范围复制做准备，以完成“实践—理论—再实践”的过程，把感性建设转为理性的、有准备的新农村建设，目标是把农村建设得更像农村。对我来说，此项目没有难度，只需时间。只是我目前实在精力不够，好在团队成熟了，专家与协作单位也慢慢同步了，并且有徐新桥的大力支持，项目基本没有风险。

机会对我来说，越来越好。水没坪村、漫云村都是我非常喜欢的典型的传统纯正的乡村。看到这两个村，用“中国文化”来形容不为过，这两个村是重新对新农村建设的价值引导，也是乡村文化反思与新的风向标。

我从湖北起点又回到了原点，这是人生完美的一句话，可谓天赐良机。

（2012 年 5 月 14 日　贵阳—威宁火车上）

# 水没坪的设计回归

孙　君

水没坪是一个与世隔绝的很不寻常的村庄，据说这里的村民是杨贵妃家族的后裔，安禄山事件之后杨家遇满门抄斩，有一支杨家后人就躲避到这里。因为与世隔绝，这个村才有了今天的样子，美极了！村庄的房子在百年左右，不是地主的也不是大户人家的，全部是土坯墙，只是房子有大小区别。

近百年中，这里的建筑材料基本是土、木料与石头。因为交通基本中断，所以才能有如此完整的纯粹的村落。

传统的水没坪房子开间很小，房子背后窗小，房子又矮，因为房子始终有人住，所以这些房子能保留如此之久。建筑的特点是人养房，这个村子就说明了人与房的关系，更能说明土坯这种材料的耐久性。

水没坪远远看去仿佛回到了几个世纪以前，特别像传说中的桃花源，远远比我们这个时代的东西更有美感与生态感。在这个村里，能看到的最多的东西是一些现代家居用品。站在远处，我常常想，这么一个远古的村落可得保护好，可不能在我的手中破坏了啊！

在今天文化中，人们确实没有保护意识，太喜欢新的东西。对于对新事物充满热情、对是非缺少辨别的中国而言，传统就是在这种是非不明的态度中一点点被拆掉了，我们的文化与建筑艺术中，唯一留下不敢拆的，能保留下来的基本都是庙宇。中国人非常可爱，他们对庙与寺不敢轻易碰触，他们对神灵总是充满敬意。正因为如此，今天竟然还能在这里看到唐宋的神宇。像水没坪这样的村庄，民居又是土坯房，能以一个村的形式保存得如此完好，实在难得。

当代人喜欢拆旧村旧房说明了什么？为什么会那么喜欢拆？我一直在想这是为什么。我个人认为，一是整个社会没有文化，文凭与学历成为文化的价值；二是缺少艺术教育，对民族传统美学无知，无知就可能无畏；三是既没有学会西方文化，又丢了东方文化，所以这个时代建造的房子和村庄就自然不东不西。好在我这个人不爱学习，不看书不看报，更不看电视。我对很多朋友说，这个时代只要能杜绝现代杂种文化，我们就具备了去伪存真的能力，就可能成为一个很有文化的中国人。

认识水没坪村，是通过一个很有文化情结的政府官员宋兴宇。我们是在一个会议中认识的，他告诉我有一个村我一定喜欢。宋兴宇是一个很有个性的画家，也是一个有功底的书法家，文章自然写得不错，于是乎我们的关系也就非同一般，叫君子之交。2012 年湖北省鄂西生态文化旅游办公室要建“绿色幸福村”，省战略规划发展办公室徐新桥博士希望我在湖北找一个示范村，要求有不同的类型，自然水没坪是传统村落保护与发展类型。

水没坪项目做得有些难，这是因为项目是以镇为建设主体，没有像信阳郝堂村、广水桃源村和郧县樱桃沟村那样得到了县或市级政府的全力支持，都是县或市委书记做项目组长。所以这个项目在进度与资金上有很大不足，镇党委书记郭庆整天就忙着找项目找钱，实在不易。这种资金不足的情况其实也很好，这样可以慢慢来，政府官员要快、要新、要亮点的成分很低。什么事都有利又有弊。

水没坪房子就是在这样一个背景下设计的。这个村首批选入湖北省绿色幸福村，徐新桥先生对此项目有特别的要求，室外一定要保持古朴与自然，卫生间与厨房要求现代。即使这样，村民依然有强烈改造旧房的想法，想把土坯房改为瓷砖房，很多人想搬迁到大山外，住成排密布的兵营一样的新农村。

面对这种想法，我们可以理解，又不能着急。专家们慢慢地引导他们，相关镇领导及村官刘艾林很支持我的理念，一是他们一起带村民到五山、郝堂学习，榜样的力量是很大的；二是给他们讲明白水没坪的价值，只要有一户两户明白，事情就好办。果然这里有两户年轻人见过世面，其中一户在日本打过工，对我说的东西半信半疑。于是就从这两户开始保护性的改造。中国农民观念不易改变，可是他们最容易被眼睛看得见的东西打动，只要他们信任你了，所有的事就好办了。

我在这个村先做两户，旧房改造与新房设计，旧房是修旧如旧，用本地建材对旧房进行加固性与功能性改造，目标是过三十年后，人们依然见到的水没坪村还是如此，还是能像我一样，再次打动百年千年以后的设计师们（图 4-1）。

图 4-1　杨三家改造后房屋

我这次在设计时，加入了另一个重要部分，就是乡村卫生与污染改造，这部分旧房与新房都要同样进行。

农村卫生难在卫生间，养猪、厨房用水随意流淌，住处蚊虫苍蝇太多，厕所气味太重，垃圾满地。这种状况几百年一直围绕着农民，这也是今天古村落与传统村落面临的问题，也是今天政府为什么一直要拆旧房的重要原因之一。

**孙氏乡村水位系统**

我在乡村工作，同样对古村落又爱又恨，爱的是文化与历史，恨的是卫生不好，进不了粪坑厕所，进了也是蚊虫满眼。从 2004 年起，我开始设计厨房生活用水系统，我用一个门前的花池来吸取根部生活用水的氮磷钾，一户一池、一池一净，这样既能解决水的污染，又能解决门前景观。通常情况下，门前只要有漂亮的花草，就比较干净，基本就不会乱堆乱放，也很少有垃圾。

2013 年我又开始为农村设计家庭尿便全封闭卫生间，这种卫生间，自带一个小型便纸焚烧炉，加了一个便池活动挡板，确保挡住蚊虫进入。卫生纸与卫生巾随手点火就烧了，这个非常重要，今天的便纸中妇女卫生巾与小孩尿不湿含有塑料纸，很难降解，没有办法处理，特别污染环境。

我认为这个村太有价值，这个村落太需要小心改良，这样的村落因时间久远才更有生命力。

乡村水卫系统是利用水没坪坡地，把养猪、卫生池移植到远离家的菜地。把生活用水自然冲进猪圈，在猪圈加一个水冲式冲便器，以确保猪池一天 24 小时能非常干净，无蚊虫。这个实用性技术 2013 年 5 月申请了国家发明专利。

这些技术第一次全部使用在水没坪。2013 年试点，先做两户；2014 年，徐新桥继续支持项目推进，从根本上解决古村落的保护与发展问题。

**设计的概念**

这个村房子主体是土坯，墙根为灰砖，门窗廊都是用木料。

水没坪房子与很多地方不一样，风特别大，东海起风了，这里就起风，东海平静了，水没坪就安静。风与水对房子檐口、屋脊破坏很大，风雨对土墙根脚破坏性也大，民居绝大多数是硬山式，这种房子的缺点是两边易淋雨，房子受损严重。这些都是这次在设计新屋时要解决的细节。

关键是新房要与旧房融为一体，这些是水没坪村的建设要求。一个时代有一个时代的文化与性格，建筑更应该如此，水没坪的房子我不可能抄袭也不可能做假文物，一定是根据水没坪给我的已知条件，延伸出属于水没坪的房子（图 4-2）。

在设计房子时，设计师有几个节点要把握。

一个是农民的房子看上去是村里的，又能让村里年轻人喜欢。

二是建筑技术不难，本地工匠能够驾驭，建筑材料是本地的。

三是现在房子存在问题，这次能一一解决，并且让房子变得更靠近唐宋建筑。严谨的功法，让人们深信水没坪的村民是杨贵妃的后裔，与其他村的村民在品质与品位上有区别，生活中带有没落的皇室宫廷文化的感觉。

四是找回进屋换鞋的传统，很多人说这是日本文化，其实真的错了，这是中国文化中特别文明的一种生活方式，就像日本人与西方人吃饭是分餐制，那也是楚文化中的生活方式。

五是好建筑需要找到好的建房人，这是缘分。我属于运气好的那种设计师，就在客店镇找到要找的人。本地工程队负责人邵桥领着他的工人到郝堂村学习三天，认真思考，乡建院李如道又下功夫给他们培训，结果出色地完成了我设计的建筑。

六是农民房子是大门对着厅堂。大门一年四季是敞开的，特别是到了冬天，大门一关就没有光，传统大厅堂厚墙是不能开窗户的。夏天大门开着蚊蝇多，关上大门又不通风，但农民一般不太喜欢关门，关门是不吉利。所以这次设计新的农村房子时，这些问题都要一一解决。

以上这些都是想用视觉告诉大家，传达设计师的思想与表达方式。能不能体现，能不能做到，那是另一回事，关键是我们想到没有，即使今天没有做到，明天还是有机会的。怕的是我们不想，怕的是少了一种设计师的社会责任感，那可就是中国的悲哀。无论哪一种文化，技法与功法差一些还不是最重要的，重要的是文化的纯粹性。也就是人长得漂亮与丑先不说，可是亚洲人与非洲人要能分出来，血统越纯正，人性与思想越健康，这就是我一直在倡导的“把农村建设得更像农村”的原因。

在建筑与规划中，人们今天常常提到“设计赢天下”。这话说过了一些，说明设计重要性是可以的，要是把设计提升到赢天下的高度就会步入误区。

图 4-2　秦山家改造后房屋

任何事都是适度为美，一旦设计过度就不是美，而是累，是厌，更是一种附雅与没文化的表现。北京与上海就有很多不能真正体会设计精神的作品，我不喜欢。

水没坪房子设计是下功夫了，可是让建筑把现存文化变得有思想，甚至变得有市场会产生高额利润，不仅是设计，而更是文化、历史与在建筑里住的人。

只有这三者高度统一，建筑中的设计才能发出光芒，人们才能品味出建筑中设计的重要性。

水没坪房子设计是根据居住在村庄里的人、村中的历史、村中传说。设计来自文化。设计固然重要，可是已知条件远远比设计本身有价值。我把设计一直归纳到社会学之中，如果把设计用百分比来划分，那文化与历史要占60%，生活方式与生产方式需求占25%，而设计只占15%。

设计对我而言，不仅是指行业的专业性，我理解为生活与人生都需要设计，设计在此是一种思维方式，是一种更贯注的理解。

水没坪房子设计完了，未来的工作是如何把房子里的人引导为与房子一样有唐宋遗风风格，让水没坪的言与行与我设计的房子能融为一体，这才让设计更拥有生命。

水没坪设计的是生活，是一种文化的延续，更是我对水没坪的理解与希望。

2013年8月25日于信阳郝堂村

2013年9月11日修改于马鞍山珍珠园